Gonglu Gongcheng Paomo Hunningtu Zhiliang Jianyan Pingding Biaozhun
Gonglu Gongcheng Paomo Hunningtu Sheji yu Shigong Zhinan

公路工程泡沫混凝土质量检验评定标准(试行)
公路工程泡沫混凝土设计与施工指南(试行)

主编单位:浙江省交通投资集团有限公司
浙江省交通规划设计研究院
浙江省宏途交通建设有限公司
批准部门:浙江省交通运输厅

人民交通出版社

内 容 提 要

本书由两部分组成，包括公路工程泡沫混凝土质量检验评定标准(试行)和公路工程泡沫混凝土设计与施工指南(试行)。该标准和指南由浙江省交通投资集团有限公司、浙江省交通规划设计研究院、浙江省宏途交通建设有限公司共同编写完成。

图书在版编目(CIP)数据

公路工程泡沫混凝土质量检验评定标准(试行) 公路工程泡沫混凝土设计与施工指南:试行/浙江省交通投资集团有限公司,浙江省交通规划设计研究院,浙江省宏途交通建设有限公司主编. —北京:人民交通出版社,2013.9

ISBN 978-7-114-10884-6

Ⅰ.①公… Ⅱ.①浙… ②浙… ③浙… Ⅲ.①水泥混凝土路面—泡沫混凝土—质量标准—指南②水泥混凝土路面—泡沫混凝土—混凝土结构—结构设计—指南③水泥混凝土路面—泡沫混凝土—混凝土施工—指南 Ⅳ.①U416.216-62

中国版本图书馆 CIP 数据核字(2013)第 214753 号

书　　名:公路工程泡沫混凝土质量检验评定标准(试行)
公路工程泡沫混凝土设计与施工指南(试行)
著 作 者:浙江省交通投资集团有限公司
浙江省交通规划设计研究院
浙江省宏途交通建设有限公司
责任编辑:任雪莲　周　凯
出版发行:人民交通出版社
地　　址:(100011)北京市朝阳区安定门外外馆斜街 3 号
网　　址:http://www.ccpress.com.cn
销售电话:(010)59757973
总 经 销:人民交通出版社发行部
经　　销:各地新华书店
印　　刷:北京市密东印刷有限公司
开　　本:880×1230　1/16
印　　张:4.5
版　　次:2013 年 9 月　第 1 版
印　　次:2013 年 9 月　第 1 次印刷
书　　号:ISBN 978-7-114-10884-6
定　　价:30.00 元

公路工程泡沫混凝土质量检验评定标准（试行）
公路工程泡沫混凝土设计与施工指南（试行）
审定委员会

主任委员 任　忠

委　　员 陆耀忠　邵　宏　吕新龙　汪银华
吴安宁　陈允法　徐沛宁

编　写　组

主　　　编 文　斌

主要编写人员 赵玉贤　朱益军　项小伟　杨少华
江　锋　丁科军　岳林海　潘晓东
沈发祥　封　亮

浙江省交通运输厅文件

浙交〔2013〕122号

关于发布《公路工程泡沫混凝土设计与施工指南(试行)》和《公路工程泡沫混凝土质量检验评定标准(试行)》的通知

各市交通运输局(委)、义乌市交通运输局:

为进一步规范和指导我省公路工程泡沫混凝土设计、施工和质量检评等工作,根据我省实际情况,特发布《公路工程泡沫混凝土设计与施工指南(试行)》和《公路工程泡沫混凝土质量检验评定标准(试行)》。请全国各在建及拟建公路项目的有关单位认真执行。

该指南和检评标准的管理权和解释权归浙江省交通运输厅,日常解释和管理工作由牵头单位浙江省交通投资集团有限公司负责。请各有关单位在实践中注意总结经验,及时将发现的问题和修改建议函告浙江省交通投资集团有限公司(地址:杭州市钱江新城五星路199号明珠国际商务中心3号楼,邮政编码:310016),以便修订时参考。

浙江省交通运输厅

2013年6月14日

总　目　录

公路工程泡沫混凝土质量检验评定标准

（试行）

目　　录

1　泡沫混凝土路堤工程

1.1　基本要求

1.1.1　泡沫混凝土所采用的水泥、细集料和发泡剂的技术性能和规格，应符合设计和有关技术规范的要求。

1.1.2　公路工程泡沫混凝土强度和重度等指标要求，应符合设计和有关技术规范的要求。

1.1.3　泡沫混凝土施工设备必须带有电子计量装置，其计量精度应符合相关规定。

1.1.4　泡沫混凝土施工前应清除浇筑区基底杂物，整平压实、无积水，地基承载力应满足设计要求。

1.1.5　斜坡上填筑泡沫混凝土路堤时，应按设计要求实施台阶式浇筑，横向台阶宽度不宜小于1m，纵向台阶宽度不宜小于4m。路堤填筑高度大于6m时，底层台阶宽度宜大于4m，以增强高路堤抗倾覆和抗滑移稳定性。

1.1.6　当室外日均气温连续5d低于5℃或环境温度超过35℃时，不宜进行泡沫混凝土施工。泡沫混凝土应避免在夏季中午高温时段施工，下雨时严禁施工。

1.1.7　泡沫混凝土不得长期裸露使用，需按设计或有关技术规范的要求采取相应的封闭措施。

1.1.8　不得出现露筋和空洞现象。

1.1.9　泡沫混凝土顶层应满足设计要求。

1.1.10　泡沫混凝土浇筑硬化成型后，在强度未达到设计强度前，不能直接进入使用状态，禁止直接在填筑体表面进行机械或车辆作业。

1.1.11 除填充工程外,泡沫混凝土每层浇筑完毕硬化后、浇筑上层前,应对填筑体顶层表面覆盖塑料薄膜或土工布进行保湿养生,浇筑至设计高程后,养生时间不少于3d。

1.1.12 路面施工必须在顶层泡沫混凝土养护7d以后进行。养护期内应避免人员在其上面行走,并禁止堆积物品,以免破坏其中的气泡结构,影响质量。

1.2 实测项目

实测项目见表1-1。

泡沫混凝土实测项目　　表1-1

项次	检查项目	规定值或允许偏差	检验方法和频率	权值
1△	抗压强度(MPa)	在合格标准内	按第二部分附录B.6检查	3
2△	表干重度(kN/m^3)	在合格标准内	按第二部分附录B.5检查	2
3	顶面高程(mm)	+10,-15	水准仪:每个构造单元测4点或每200m测4点	2
4	中线偏位(mm)	50	经纬仪:每个构造单元测4点或每200m测4点,弯道加测*HY*、*YH*两点	2
5	宽度(mm)	符合设计要求	米尺:每个构造单元测4点或每200m测4点	2
6	基底高程(mm)	±50	水准仪:每个构造单元测4点或每200m测4点	1
7	平整度(mm)	15	3m直尺:每个构造单元测3处或每200m测2处(每处10尺)	2
8	边坡	符合设计要求	尺量:每个构造单元测4处或每200m测4处	1

注:△表示关键项目,为涉及结构安全和使用功能的重要实测项目。

1.3 外观鉴定

1.3.1 表面平整、光洁,棱角线平直,不符合要求时减1~3分。

1.3.2 表面出现裂缝、局部出现毛细裂缝时减1分;毛细裂缝较多但不影响使用时,扣2分;发现结构性裂缝时,扣1~3分。

1.3.3 查看表面气孔均匀度,气孔直径应≤1mm,不满足要求时,扣1~3分。

1.3.4 查看泡沫混凝土表面封闭措施是否完好,不满足要求时,扣1~3分。

2 组合路堤工程(泡沫混凝土与其他路堤填料组合)

2.1 基本要求

2.1.1 泡沫混凝土符合1.1的要求。

2.1.2 其他路堤填料符合《公路工程质量检验评定标准》(JTG F80/1—2004)的要求。

2.2 实测项目

实测项目见表2-1。

泡沫混凝土实测项目 表2-1

项次	检查项目	规定值或允许偏差	检验方法和频率	权值
1△	压实度(%)	在合格标准内	米尺:每个构造单元每压实层测4点或每200m每压实层测4点	
2△	抗压强度(MPa)	在合格标准内	按第二部分附录B.6检查	3
3△	表干重度(kN/m^3)	在合格标准内	按第二部分附录B.5检查	2
4	顶面高程(mm)	+10,-15	水准仪:每个构造单元测4点或每200m测4点	2
5	中线偏位(mm)	50	经纬仪:每个构造单元测4点或每200m测4点,弯道加测*HY*、*YH*两点	2
6	宽度(mm)	符合设计要求	米尺:每个构造单元测4点或每200m测4点	2
7	基底高程(mm)	±50	水准仪:每个构造单元测4点或每200m测4点	1
8	平整度(mm)	15	3m直尺:每个构造单元测3处或每200m测2处(每处10尺)	2
9	边坡	符合设计要求	尺量:每个构造单元测4处或每200m测4处	1

注:△表示关键项目,为汲及结构安全和使用功能的重要实测项目。

2.3 外观鉴定

应符合1.3要求。

附录　本标准主要引用和参考的技术标准和规范

[1]《公路工程质量检验评定标准　第一册　土建工程》(JTG F80/1—2004);
[2]《泡沫混凝土》(JG/T 266—2011);
[3]《气泡混合轻质土填筑工程技术规程》(CJJ/T 177—2012);
[4]浙江省《公路工程泡沫混凝土设计与施工指南》(试行稿)。

公路工程泡沫混凝土设计与施工指南

（试行）

编 制 说 明

本指南基于浙江省交通运输厅科技计划项目《泡沫混凝土在浙江公路工程上的应用研究》,参照现行相关公路工程技术规范,在广泛调研在建或已建工程的基础上,吸纳泡沫混凝土在公路工程上应用的新成果编制而成。

本指南分为总则、术语、材料与性能、基本规定、新建路堤工程、路堤拓宽工程、地质灾害与工程病害处治工程、质量检查与验收,共8章。

在执行过程中,如发现本指南需要修改和补充之处,请及时将有关意见函告浙江省交通运输厅建设管理处(地址:杭州市梅花碑4号,邮政编码310009,联系电话:0571-87803719),以便修订时提供参考。

本指南由浙江省交通运输厅负责解释。

前　　言

浙江省山多地少、人口密集、河网密布、软基深厚、地质灾害多发，为了更好地解决软土地基沉降、桥头跳车、高路堤稳定性、拓宽工程差异沉降、地质灾害治理、节约用地等问题，结合浙江省公路建设现状，本指南将轻质材料新技术——泡沫混凝土应用于公路工程领域，以进一步丰富岩土工程与地质灾害治理的技术手段。

《公路工程泡沫混凝土设计与施工指南》（以下简称《指南》）结合泡沫混凝土轻质、强度可调、高流动性、施工简便、自立性、耐久性等诸多技术优点，为今后泡沫混凝土在浙江省公路工程上的设计与施工、检查与验收提供重要的技术指导。

浙江省交通投资集团有限公司、浙江省交通规划设计研究院、浙江省宏途交通建设有限公司在广泛调研、试验研究及成功应用的基础上，共同编制了《指南》。其主要特点如下：

（1）《指南》特别针对泡沫混凝土在公路工程的应用进行编制，包括了公路工程中的软土地基处理、陡坡路堤填筑与地质灾害及工程病害处治等多个特殊应用领域。

（2）《指南》提供了浙江省将泡沫混凝土发泡剂及设备研发、原材料控制、设计方法与施工工艺等应用于公路工程中的实践经验。

（3）《指南》系统阐述了泡沫混凝土设计与施工、质量检查与验收的具体指标及要求。

目　　录

1 总则

1.0.1 为指导泡沫混凝土在浙江省公路工程中的设计与施工、检查与验收,特编制本指南。

1.0.2 本指南适用于公路工程中的软土地基新建路堤工程、路堤拓宽工程、地质灾害与工程病害处治工程等领域。

1.0.3 本指南参照行业标准如下。

(1)《混凝土外加剂》(GB 8076—2008)。

(2)《混凝土用水标准(附条文说明)》(JGJ 63—2006)。

(3)《公路工程水泥及水泥混凝土试验规程》(JTG E30—2005)。

(4)《气泡混合轻质土填筑工程技术程》(CJJ/T 177—2012)。

(5)《公路工程技术标准(附条文说明)》(JTG B01—2003)。

(6)《公路路基设计规范》(JTG D30—2004)。

(7)《公路路基施工技术规范》(JTG F10—2006)。

(8)《公路工程质量检验评定标准 第一册 土建工程》(JTG F80/1—2004)。

(9)《公路桥涵施工技术规范》(JTG/T F50—2011)。

(10)《建筑地基基础设计规范》(GB 50007—2011)。

(11)《建筑地基处理技术规范》(JGJ 79—2002)。

(12)《公路挡土墙设计与施工技术细则》(2008 版)。

(13)《建筑边坡工程规范》(GB 50330—2002)。

1.0.4 本指南未述及的内容,应符合国家现行有关标准的规定。

2 术语

2.0.1 泡沫混凝土

采用机械方式将发泡剂制作成泡沫,再将泡沫混入到水泥基浆以及外加剂和集料组成的混合料中,按一定比例混合搅拌均匀后,浇筑凝固成型的含有大量封闭气孔的轻质混凝土。

2.0.2 发泡剂

通过发泡装置能产生大量泡沫的发泡材料,其泡沫群能与水泥混合料混合,具有足够的稳定性、不破裂、不影响胶凝材料凝结和硬化的物质。

2.0.3 稀释倍率

稀释倍率是指发泡剂稀释液与其发泡剂之体积比。

2.0.4 发泡倍率

发泡倍率是指发泡剂稀释液经发泡产生的气泡群与稀释液之体积比。

2.0.5 流动度

流动度是表征泡沫混凝土流动性能的指标。

2.0.6 配合比设计

根据泡沫混凝土密度、强度等要求,对水泥等胶凝材、集料、发泡剂、外加剂等材料按体积或质量进行合理比例配制设计,以使泡沫混凝土满足工程需求。泡沫混凝土配合比设计依据固定原材料质量法和固体混合料体积法进行。

2.0.7 体积吸水率

体积吸水率是指泡沫混凝土在标准环境中封闭养生28d后,经浸水饱和集料吸水后的质量增加值与浸水前试块体积的比值。

2.0.8 质量吸水率

质量吸水率是指泡沫混凝土在标准环境中封闭养生28d后,经浸水饱和吸水后的质量增加值与浸水前试块质量的比值。

2.0.9 泡沫密度

泡沫密度即泡沫的单位体积质量。

2.0.10 气泡率

气泡率即泡沫与水泥基浆拌和料中气泡的体积率。

2.0.11 沉降距

沉降距是指1L泡沫1h的沉陷高度。

2.0.12 泌水量

泌水量是指1L泡沫1h所分泌的水量。

2.0.13 湿重度

湿重度是指泡沫混凝土发泡后形成的均匀浆体的单位体积重力。

2.0.14 表干重度

表干重度是指泡沫混凝土在标准环境中封闭养生28d的单位体积重力。

2.0.15 饱和重度

饱和重度是指泡沫混凝土在标准环境中封闭养生28d后,经浸水饱和吸水后的单位体积重力。

2.0.16 单轴饱和抗压强度

单轴饱和抗压强度是指泡沫混凝土在标准环境中封闭养生28d后,经浸水饱和吸水后的标准试块的抗压强度。

2.0.17 软化系数

软化系数是指在无侧限条件下,泡沫混凝土材料水饱和状态抗压强度与材料干燥状态抗压强度之比值。

2.0.18 强度保留率

强度保留率是指泡沫混凝土材料经浸泡、干湿交替、冻融后的无侧限抗压强度与材料在干燥状态下的无侧限抗压强度之比值。

3 材料与性能

3.1 原材料

3.1.1 发泡剂。发泡剂外观宜均匀透明,常温条件下,稳定性好,无异物析出或沉淀,发泡过程无异味或刺激性气味,对环境无不良影响,泡沫大小细密且均匀,直径为 0.1 ~ 1.0mm。公路用泡沫混凝土所用的发泡剂宜采用合成类高分子表面活性剂,使用时稀释倍率为 50 ~70 倍,发泡剂主要技术性能指标要求见表 3-1。

发泡剂主要性能指标 表 3-1

性能指标	质量要求	检验方法
密度	0.93 ~0.98g/cm^3	《色漆和清漆　密度的测定　比重瓶法》(GB/T 6750—2007)
发泡半衰期(稀释 60 倍)	>24h	《钻井液用发泡剂评价程序》(SY/T 5350—2009)
pH 值	6 ~8	《胶粘剂的 pH 值测定》(GB/T 14518—1993)
低温稳定性	-5℃不变质	《合成树脂乳液外墙涂料》(GB/T 9755—2001)
泌水量(稀释 60 倍)	<80mL	本指南附录 A.1
沉降距	<5mm	本指南附录 A.1
发泡倍率	>20	本指南附录 A.3
泡沫密度	45 ~50kg/m^3	本指南附录 A.2
游离甲醛	≤1.0g/kg	《室内装饰装修材料　胶粘剂中有害物质限量》(GB/T 18583—2008)

3.1.2 发泡剂保质期宜大于 12 个月,且宜在保质期内使用。

3.1.3 水泥可采用通用硅酸盐水泥或普通硅酸盐水泥,其强度等级应为 42.5 级及以上,水泥外掺材料应符合相关规范规定。

3.1.4 集料应符合相关标准规范的要求。

3.1.5 施工用水应符合《混凝土用水标准(附条文说明)》(JGJ 63—2006)的规定。

3.1.6 外加剂应符合相关规范规定,使用前应进行适应性试验,对泡沫混凝土的质量应无不良影响。

3.2 性能指标

3.2.1 重度

泡沫混凝土重度按可分为10个等级，分别用符号A03、A04、A05、A06、A07、A08、A09、A10、A11、A12表示。

泡沫混凝土重度等级按其重度进行划分，重度标准值取该重度等级重度变化范围的上限值，表干重度和湿重度的变化范围按表3-2的规定执行。

泡沫混凝土的重度等级 表3-2

重度等级	表干重度的变化范围(kN/m^3)	湿重度的变化范围(kN/m^3)	饱和重度的变化范围(kN/m^3)
A03	2.8～3.7	3.1～4.0	3.1～4.5
A04	3.8～4.7	4.1～5.0	4.1～5.5
A05	4.8～5.7	5.1～6.0	5.1～6.4
A06	5.8～6.7	6.1～7.0	6.1～7.4
A07	6.8～7.7	7.1～8.0	7.1～8.4
A08	7.8～8.7	8.1～9.0	8.1～9.3
A09	8.8～9.7	9.1～10.0	9.1～10.3
A10	9.8～10.7	10.1～11.0	10.1～11.3
A11	10.8～11.7	11.1～12.0	11.1～12.2
A12	11.8～12.7	12.1～13.0	12.1～13.2

3.2.2 单轴饱和抗压强度

泡沫混凝土的强度等级按10cm×10cm×10cm立方体单轴饱和抗压强度平均值进行划分，采用符号CF与立方体抗压强度平均值表示，单轴饱和抗压强度平均值和最小值按表3-3中的规定执行。

泡沫混凝土的强度等级 表3-3

泡沫混凝土强度等级	立方体单轴饱和抗压强度(MPa)	
	平均值不小于	最小值不小于
CF0.4	0.40	0.34
CF0.6	0.60	0.51
CF0.8	0.80	0.68
CF1.0	1.00	0.85
CF1.2	1.2	1.02
CF1.5	1.50	1.27
CF2.0	2.00	1.90

3.2.3 质量吸水率

泡沫混凝土具有一定的吸湿性,质量吸水率可分为7个等级,见表3-4。

泡沫混凝土质量吸水率 表3-4

等级	WM5	WM10	WM15	WM20	WM25	WM30	WM35
吸水率(%)	≤5	≤10	≤15	≤20	≤25	≤30	≤35

3.2.4 流动度

泡沫混凝土通过管道泵送,流动度应符合表3-5所列参数±20mm之要求。

3.2.5 配合比设计

配合比中的泡沫用量采用体积法计算,在进行配合比设计前,应事先对所用材料进行密度测定,见表3-5。

配 合 比 推 荐 表 表3-5

设计强度(MPa)	试配强度(MPa)	水泥掺量(kg)	每立方单位用水量(kg)	气泡率(%)	湿重度(kN/m^3)	流动度(mm)
0.30	0.36	275	165	74.1~75.0	4.0~4.2	160~165
0.50	0.60	310	186	72.3~73.2	5.1~5.3	165~170
0.60	0.72	330	198	69.2~70.1	6.2~6.5	170~175
0.70	0.84	350	210	68.0~69.0	6.4~6.7	175~180
0.80	0.95	365	219	66.7~67.6	7.0~7.3	180~185
1.00	1.20	375	225	65.0~66.0	7.3~7.6	180~185
1.20	1.44	390	234	62.2~63.1	7.5~7.8	185~190
1.40	1.68	410	246	61.0~62.0	7.9~8.2	185~190
1.60	1.92	425	255	59.1~60.0	8.2~8.5	190~195
1.80	2.16	450	270	56.8~57.9	8.6~8.8	190~195
2.00	2.40	475	285	53.9~54.8	8.8~9.0	195~200

注:水泥采用42.5级及以上,有要求时可适当掺加砂、矿粉等材料。

4　基本规定

4.1　设计荷载

4.1.1　泡沫混凝土工程设计验算荷载分类，按表4-1中的规定执行。

荷载分类表　　表4-1

荷载类型	荷载名称
永久荷载	泡沫混凝土自重
	泡沫混凝土上部的有效永久荷载
	填土侧压力
	计算水位以下的浮力及静水压力
基本可变荷载	车辆荷载
	施工荷载、人群荷载
	周边环境变化引起的其他荷载
偶然荷载	撞击力、滑坡、崩塌等事件

4.1.2　泡沫混凝土应用于路堤填筑、桥涵、隧道或挡墙等结构物背部充填时，设计荷载应符合现行相关设计及施工技术规范规定。

4.1.3　结构物受水作用时，所受浮力按计算水位的100%计算。

4.1.4　路面车辆荷载作用可按式(4-1)换算成等代均布土层厚度计算。

$$h_0 = \frac{q}{\gamma} \tag{4-1}$$

式中：h_0——换算土层厚度，m；

q——车辆附加荷载标准值，kN/m^2；

γ——路堤填料天然重度，kN/m^3。

4.2　设计原则

4.2.1　泡沫混凝土设计前，应全面调查工程所在地自然条件和工程地质条件，全面收集工程区域的地质、水文、地形、地貌、气象、地震等资料,了解地下涵洞、管线等埋设情况。

4.2.2 泡沫混凝土应避免暴露使用。设计时应确定泡沫混凝土填筑范围,估算填筑体积,并做好封闭设计。

4.2.3 对于不同的工程功能要求,设计时应合理确定泡沫混凝土饱和重度、干重度和抗压强度等指标。

4.2.4 泡沫混凝土具体配合比应根据不同类型发泡剂通过试验确定。

4.2.5 泡沫混凝土在公路工程上一般应用于受压区域,需进行荷载验算分析。

4.2.6 泡沫混凝土应用于大体积填筑时,设计中应充分考虑沉降缝、胀缝和缩缝的设置,必要时,宜适当铺设钢丝网。

4.2.7 在受水位影响的工程区域,泡沫混凝土填筑设计要充分考虑其受浮力的影响,应做抗浮设计验算。

4.2.8 泡沫混凝土填筑高度不宜超过16m,在滑坡路段采用泡沫混凝土填筑时,应验算工程稳定性。

4.2.9 在深厚软土地区采用泡沫混凝土填筑时,应验算工程稳定性和地基承载力。验算地基荷载和附加应力时,应采用饱和重度指标。

4.2.10 泡沫混凝土在高挡墙、高桥台背部填筑时,应验算土压力对构造物的影响。

4.2.11 在冲刷比较严重的河道岸边工程中使用泡沫混凝土时,应加强泡沫混凝土的防冲刷设施设计,并要求按不利的工程条件验算稳定性与抗浮安全性。

4.3 应用范围

4.3.1 泡沫混凝土在公路工程上应用时,最低抗压强度应不小于0.3MPa。

4.3.2 设计应根据不同功能要求,明确相关的性能指标,按照3.2节中的规定执行。

4.3.3 泡沫混凝土构造要求与工程应用环境密切相关,针对不同的使用功能,其构造要求各不相同。泡沫混凝土在公路行业的应用大致可分为新建路堤工程、路堤拓宽工程、地质灾害与工程病害处治工程三类，具体技术特性见表4-2。

泡沫混凝土在公路行业应用分类及其主要技术特性 表4-2

工程类型	工程应用	技术特性					
		轻质	流动性	强度	耐久性	自立性	工艺简单
新建路堤工程	软土路堤	★	☆	★	★	☆	★
	桥头路堤	★	☆	★	★	☆	★
	台背填筑	★	☆	★	★	☆	★
路堤拓宽工程	路基拓宽	★	☆	★	★	★	★
	基础加宽	★	☆	★	★	☆	★
	加载工程	★	☆	★	★	☆	★
地质灾害与工程病害处治工程	高陡挡墙墙背填筑	★	★	★	★	☆	★
	滑坡体上方填筑	★	☆	★	★	★	★
	路堤滑移治理	★	☆	★	★	☆	★
	沿河路堤	★	☆	★	★	☆	★
	高路堤减载	★	☆	★	★	☆	★
	边坡塌方治理	☆	☆	★	★	☆	★
	隧道塌方治理	★	★	★	★	☆	★
	岩溶区路堤	★	★	★	★	☆	★
	采空区路堤	★	★	★	★	☆	★
	超挖填补	☆	★	★	★	★	★
	明洞地基处理	☆	☆	★	★	★	★
	桥头跳车治理	★	★	★	★	☆	★
	基础脱空区治理	☆	★	★	★	☆	★
	涵洞基础病害治理	★	☆	★	★	☆	★
	桥台倾覆加固	★	☆	★	★	☆	★

注：表中★为主要特性，☆为次要特性。

4.4 构造要求

4.4.1 泡沫混凝土应采取耐久、安全、适用、经济、美观且可修复的护面措施，应提供详细的底层、顶层、面板等构造设计。

4.4.2 泡沫混凝土单层最小填筑厚度不宜小于0.2m，单层最大填筑厚度不宜大于0.8m。泡沫混凝土埋置在土层中时，封闭土层厚度不宜小于1.0m，地表宜采用绿化保护措施。

4.4.3 设计泡沫混凝土断面时，应根据功能要求设置相应的构造形式。

4.4.4 泡沫混凝土应用时,应做好防排水工程措施,在泡沫混凝土填筑物的基础底部应适当设置排水盲沟、排水垫层或泄水孔,以避免地下水浮力引起填筑物的附加应力。

4.4.5 泡沫混凝土顶面不宜直接接触重载或动荷载,设计时应设置一定厚度的保护层或过渡层,结构保护层设置要求需因地制宜,与荷载大小、工程环境密切相关。

4.5 设计计算

4.5.1 应根据填筑物的功能与用途,按照相应的工程规范要求,确定荷载组合效应。需考虑永久荷载、基本可变荷载与偶然荷载的作用,并验算施工环节的结构稳定与安全。

4.5.2 在受水位影响时,应对填筑物进行抗浮验算。验算时,水上部分的重度取干重度,水下部位的重度取饱和重度,抗浮安全系数 $F_s \geqslant 1.2$,强度保留率≥90%。

4.5.3 泡沫混凝土的弹性模量可通过试验确定,当无试验资料时,可根据式(4-2)计算取值。

$$E_c = 230q_u \tag{4-2}$$

式中:E_c——泡沫混凝土的弹性模量,MPa;

q_u——单轴饱和抗压强度,MPa。

4.5.4 泡沫混凝土的抗折强度可通过试验确定,当无试验资料时,泡沫混凝土抗折强度可取抗压强度的0.3倍。

4.6 施工

4.6.1 工艺流程见图4-1。

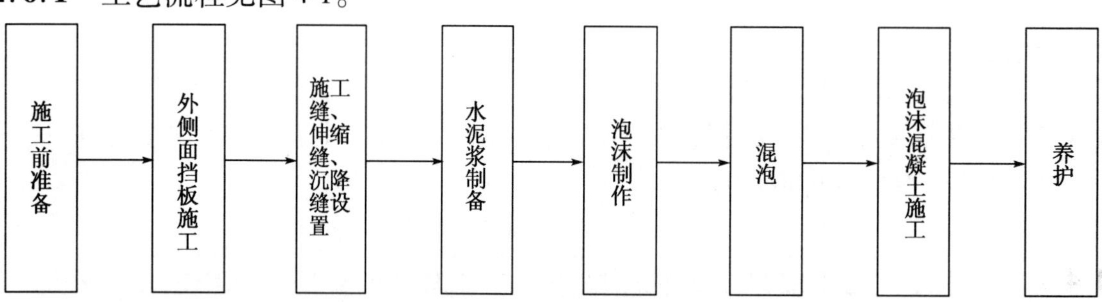

图4-1 工艺流程

4.6.2 施工准备。

(1)应在全面理解设计图纸要求和设计交底的基础上,对施工现场的地形、地质及构造物情况等进行调查和核对。

(2)应收集当地历史气候资料及施工期的天气预报,为异常天气的施工提前制订相关预防保证措施。

(3)在进行详尽的现场调查后,应根据设计要求、合同、现场情况等,编制实施性施工组织设计,并按管理规定报批。

(4)必须建立健全质量、环保、安全管理体系和质量检测体系,并对各类施工人员进行岗位培训和技术、安全交底。

(5)应确认施工电源、施工用水、施工便道、施工设备和试验器具等准备工作能满足正常施工要求,应保证施工影响范围内原有道路、结构物及农田水利等设施的使用功能。

(6)根据设计要求进行配合比设计,确定其水泥、发泡剂、水、外掺剂、集料及外加剂等的掺量。

(7)根据施工配合比进行现场试拌,检验各环节是否正常。

4.6.3 水泥基浆制备。

(1)配料应采用电子计量,计量精度应满足表4-3的要求,并具备自动供料功能。计量器具应定期标定,迁移后应重新进行标定。

原材料的计量精度 表4-3

材 料	计量精度(%)
水泥	±1.0
集料	±2.0
水、外加剂	±1.0
发泡剂	±1.0

(2)根据确定的施工配合比设计进行水泥基浆的拌和,拌和必须采用间歇式搅拌机,搅拌时间应确保各组分混合均匀。

(3)水泥基浆存储在有一定储量的储罐内,储罐具备二次搅拌功能,以避免水泥浆的沉淀。

(4)水泥基浆在储料罐中的停滞时间不宜超过2h。

4.6.4 泡沫制作。

(1)根据发泡剂的稀释倍率稀释发泡剂。

(2)泡沫应采用压缩空气与发泡剂水溶液混合的方式生产,发泡倍率可调且稳定,不宜采用搅拌发泡。

4.6.5 混泡。

(1)根据确定的施工配合比设计要求,设定泡沫混凝土的泡沫含量,泡沫应即时与水泥基浆料均匀混合。

(2)一定比例的水泥基混合料浆和泡沫,经过混泡机的充分混合,形成符合设计标准的泡沫混凝土。

4.6.6 泡沫混凝土的浇筑。

(1)浇筑施工可采用直接泵送方式或配管泵送方式,不宜采用水泥罐车等工具输送。泵送前,应做好管接头的紧固和检查工作,确保接头牢固。泵送过程中,随时检查泵送管的压力和接头的牢固情况,发现压力出现异常时,及时检查并排除故障。

(2)对于地形复杂区域,应根据现场情况合理配置机械设备,可采用中继泵进行远距离输送,也可采用分级输送方式进行高扬程输送。

(3)泡沫混凝土浇筑时,泵送管出口宜与浇筑面保持较小角度,且埋入泡沫混凝土内不小于20cm,使泡沫消泡量降到最小,详见图4-2。

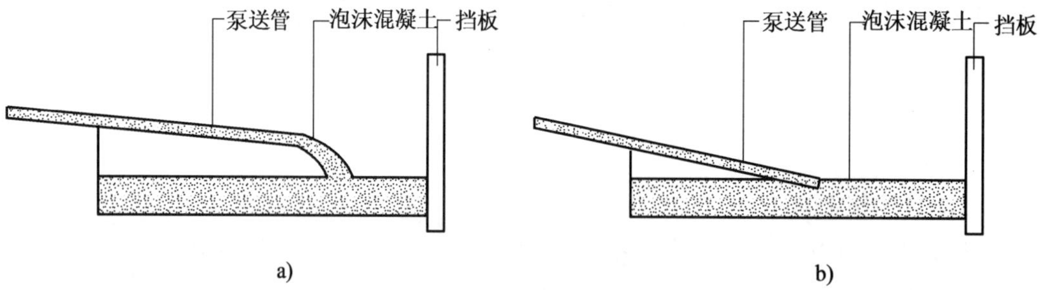

图4-2 泡沫混凝土浇筑方式

a)错误的浇筑方式;b)正确的浇筑方式

(4)浇筑过程中停留时间不宜过长,否则容易引起堵管。中间等待时间超过10min时,宜及时洗管。清洗输送管时,必须检查出水口情况,清洗时间宜不小于30min。

(5)浇筑快至顶层时,利用人工扫平,采用往后直拉的方式拖移浇筑管,以确保泡沫混凝土表面平整并减小扰动。当浇筑层终凝后,方能进行上层的浇筑施工。

(6)在整个浇筑过程中,应减少对泡沫混凝土拌和物的扰动,并密切注意拌和物的品质变化,不应采用喷射方式进行浇筑。

4.6.7 冬期、雨期及热期施工。

(1)应根据不同的季节特点制订相应的施工技术方案进行冬期、雨期及热期的泡沫混凝土施工,并应采取有针对性的措施,保证工程质量和和施工安全。

(2)施工前,应及时掌握气温、雨雪、风暴、汛情等预报,制订应急预案,做好安全防范工作,避免发生事故。施工操作人员应按劳动保护的规定,采取必要的防护措施。

(3)需要冬期施工时,每班完工后应清空各管路中的残留浆体,并对泵送管路、施工设备、发泡剂及浇筑区域等采取保温措施。

(4)当遇大雨、暴雨或持续时间较长的小雨天气,未固化的泡沫混凝土表面应采取遮雨措施。

(5)热期施工,每班完工后应及时清洗拌和设备、储浆设备、泵送管路中的浆体,避免因浆体凝固损坏设备。

(6)在没有采取有效措施情况下,当室外日均气温连续5d低于5℃或环境温度超过

35℃时，不宜进行泡沫混凝土构筑施工。

4.6.8 养护。

(1)泡沫混凝土浇筑硬化成型后，在强度未达到设计强度前，不能直接进入使用状态，禁止直接在填筑体表面进行机械或车辆作业。

(2)除填充工程外，泡沫混凝土每层浇筑完毕硬化后浇筑上层前，应对填筑体顶层表面覆盖塑料薄膜或土工布进行保湿养生，浇筑至设计高程后，养生时间不少于3d。薄膜养护见图4-3。

图4-3 薄膜养护

(3)路面施工必须在顶层泡沫混凝土养护7d以后进行。

(4)养护期内应避免人员在其上面行走及禁止堆积物品，以免破坏其中的气泡结构，影响质量。

5 新建路堤工程

5.1 一般规定

5.1.1 应充分调查场地的工程地质与水文地质情况,填筑路堤前,宜做好地表水和地下水的处治工作,场地整平后,地表应设置地下水排水盲沟和碎石垫层。

5.2 设计计算

5.2.1 泡沫混凝土路堤设计应根据自然条件、技术要求、工程规模和工程环境,选择构造尺寸和性能指标,并分析计算,设计流程如图 5-1 所示。

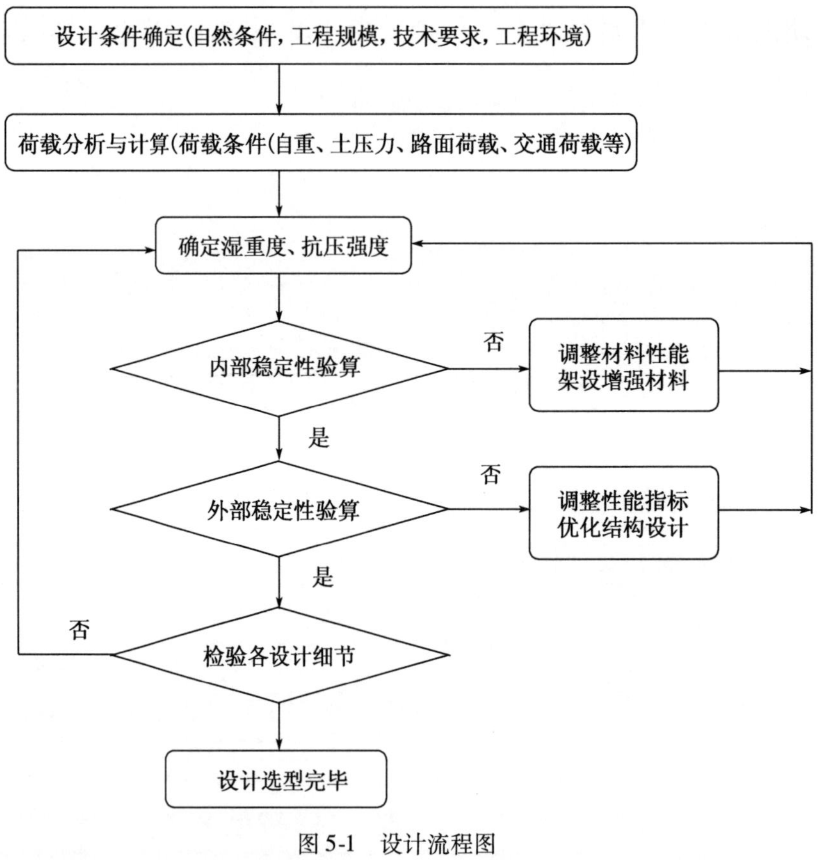

图 5-1 设计流程图

5.2.2 一般路堤填筑时,填筑厚度应根据工后沉降计算和技术经济指标综合比较确定。受水位影响时,应进行水位分析计算。

5.2.3 一般路堤稳定性验算包括地基承载力、抗滑移、浇注过程路堤稳定性等内容。

5.2.4 路堤稳定性验算方法可按照《公路路基设计规范》(JTG D30—2004)第3.6.6条、第3.6.7条、第3.6.8条的规定执行。填筑坡率较陡时,应验算填筑物抗倾覆、抗滑移、承载力安全系数。

5.2.5 斜坡上高路堤,应验算抗倾覆安全系数和场地整体稳定性。

5.2.6 抗滑稳定性验算时,泡沫混凝土与岩质坡面接触的抗滑摩擦系数可取0.4~0.6,与土质坡面接触的抗滑摩擦系数可取0.2~0.4。

5.2.7 泡沫混凝土用于深厚软土地基路堤填筑时,路堤除满足稳定性验算要求之外,还应进行施工期沉降分析及工后沉降预测。

5.2.8 用于路堤换填时,填筑物残余部分自重、泡沫混凝土自重和其他荷载的总和应满足地基承载力要求。

5.3 材料性能

5.3.1 用于路基填筑时,泡沫混凝土抗压强度应按表5-1的规定确定。

泡沫混凝土强度指标要求 表5-1

部位	离路面底面距离(m)	高速公路、一级公路		其他道路	
		强度等级	平均抗压强度(MPa)	强度等级	平均抗压强度(MPa)
路床	0~0.8	CF1.2	≥1.2	CF1.0	≥1.0
路堤	0.8以下	CF1.0	≥1.0	CF0.8	≥0.8

5.3.2 高路堤填筑时,泡沫混凝土的抗压强度指标宜适当提高。

5.3.3 作为轻质填料时,宜采用泡沫混凝土重度等级为A03~A10且强度等级为CF0.6~CF2.0的泡沫混凝土进行填筑。

5.3.4 吸水率等级宜取为WM10~WM20。

5.3.5 泡沫混凝土顶层禁止任何机械在上面直接行走,路面施工必须在顶层养护7d以后进行。

5.4 构造设计

5.4.1 泡沫混凝土路堤填筑时,应结合工程具体环境,做好防排水工程设计以及底层、顶层、面板、护栏及底座、陡坡路堤抗滑或锚固件等细部结构设计。

5.4.2 泡沫混凝土多用于填高6m以下的软土地基路堤或高度小于16m的山区路堤。路堤高度≤4m且征地不受限制时,可结合工程实际情况,可采用放坡形式(图5-2);施工条件受限时,可采用直立式防护形式(图5-3,图5-4)。

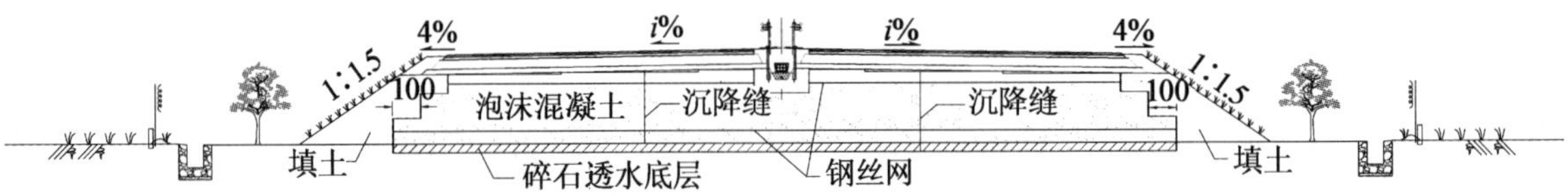

图5-2 泡沫混凝土路堤台阶式填筑横断面形式(尺寸单位:cm)

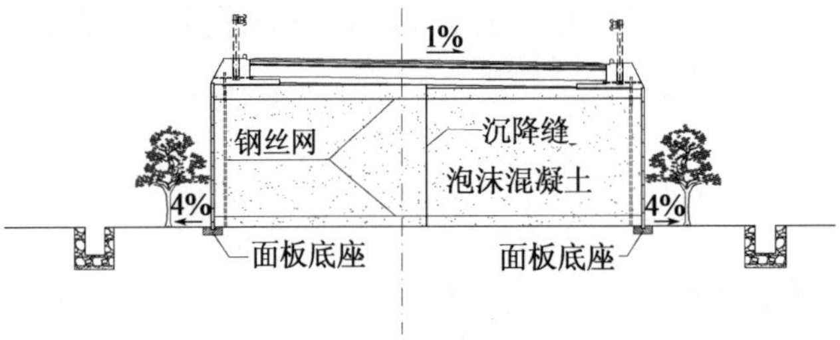

图5-3 泡沫混凝土路堤陡坡支护横断面形式(一)(尺寸单位:cm)

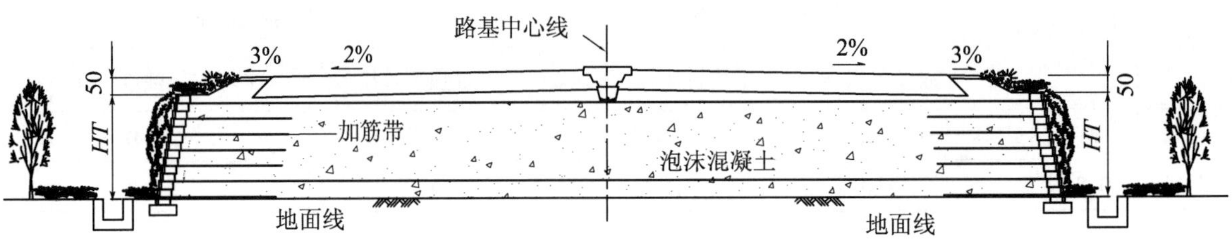

图5-4 泡沫混凝土路堤陡坡支护横断面形式(二)(尺寸单位:cm)

5.4.3 泡沫混凝土填筑横断面可采取直立式矩形填筑、凸型台阶式填筑或扩口型台阶式放坡填筑,具体填筑形式宜结合工程各种功能需要而确定(图5-5)。凸型台阶式填筑适用于一次填筑,扩口型台阶式适用于二次开挖回填。

5.4.4 泡沫混凝土用于路基填筑时,最小填筑厚度不宜小于1.0m。当填筑厚度大于3.0m时,与常规填土路基间的纵向、横向衔接面宜设置台阶过渡,沿路基纵向台阶宽度不宜小于2.0m,沿路基横断面台阶宽度不宜小于1.0m,地基十分软弱时,应适当加大台阶宽度。

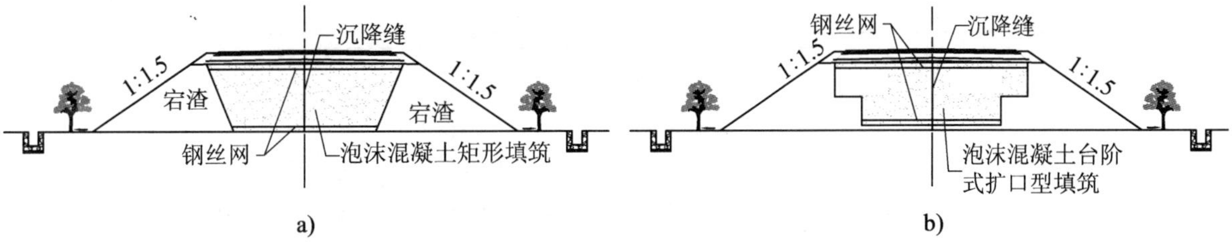

图 5-5 泡沫混凝土填筑体横典型形式

a)梯形填筑;b)扩口型台阶式放坡填筑

5.4.5 泡沫混凝土适用于软土地区桥头背部路堤填筑,泡沫混凝土路堤纵向过渡宜采用台阶式过渡(图 5-6),且台阶宽度不宜小于 4.0m。

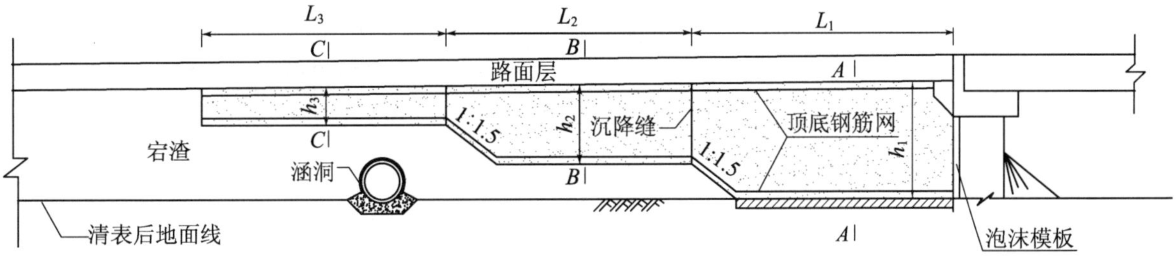

图 5-6 泡沫混凝土纵向台阶式填筑断面形式

5.4.6 泡沫混凝土适用于涵洞背部路堤填筑,填筑方式可分为全路堤换填、涵背局部换填和涵顶减载换填三种方式(图 5-7)。泡沫混凝土路堤纵向过渡若采用台阶式过渡,台阶宽度不宜小于 1.0m。

5.4.7 泡沫混凝土路堤填筑前,应先整平场地,做好地表排水设施(如盲沟、渗沟、排水沟等),地表需铺设厚度 30 ~ 50cm 的级配碎石或砂砾作为透水垫层。

5.4.8 泡沫混凝土填筑体顶部、底部及其他特殊部位,宜设置钢丝网补强,构造要求另见 5.5.4 条。

5.4.9 大体积泡沫混凝土填筑时,宜适当设置沉降变形缝,其设置要求如下:

(1)泡沫混凝土填筑体长度超过 15m 时,应按 5 ~ 15m 间距设置沉降变形缝。

(2)在断面形态有突变时,宜在断面突变处增设沉降变形缝。

(3)地基处理方式变化位置,宜在其断面突变处增设沉降变形缝。

(4)沉降变形缝材料可采用 20 ~ 30mm 厚的聚苯乙烯板或 10 ~ 20mm 厚的沥青木板或夹板或采用沥青麻絮填塞。

5.4.10 泡沫混凝土填筑高度不宜超过 16m,填筑高度较大时,应进行分级构筑且台阶宽度不小于2m。

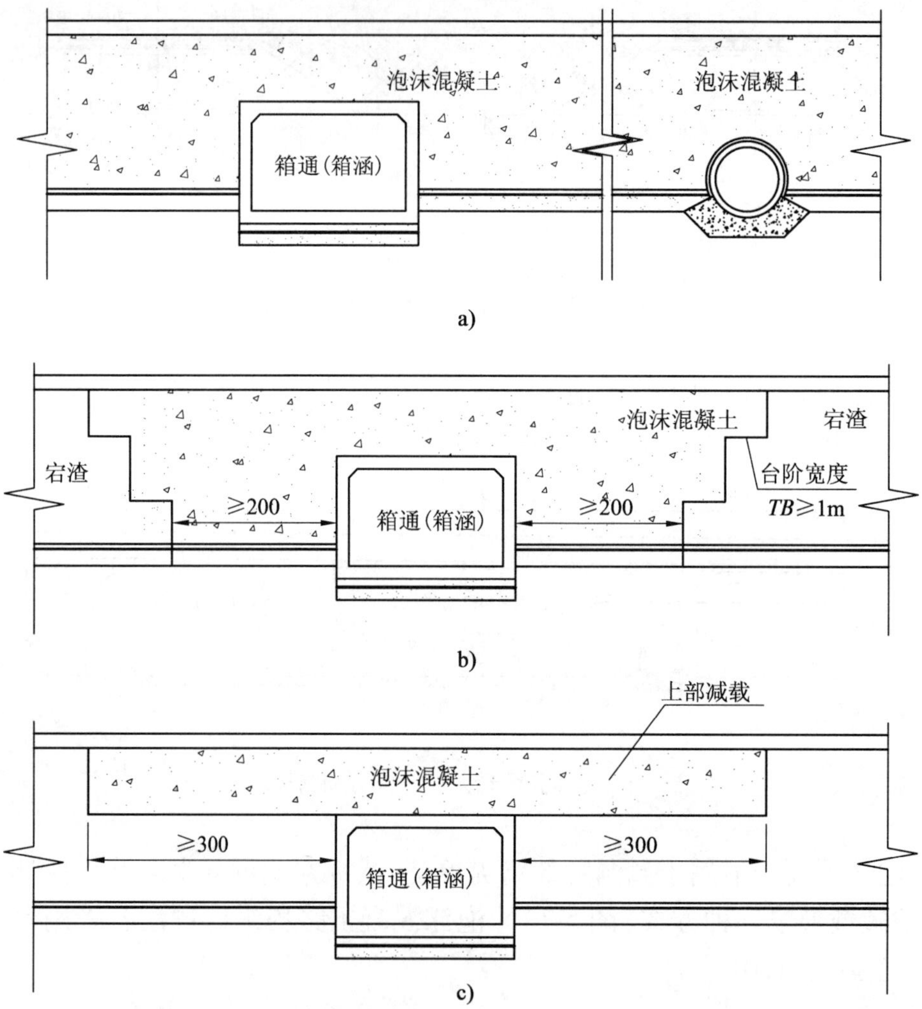

图5-7　涵洞路段泡沫混凝土路堤填筑形式(尺寸单位:cm)

a)涵洞路段路堤全部换填泡沫混凝土;b)涵洞背部局部换填泡沫混凝土;c)涵洞结构上部减载换填泡沫混凝土

5.4.11　为适应路基顶面纵坡、横坡要求,泡沫混凝土宜在顶层分级设置台阶,台阶高度和台阶长度或宽度可根据路面坡度、填筑体尺寸及路面结构厚度确定,纵横向台阶高差一般不大于10cm。

5.4.12　泡沫混凝土应用于软土地基路堤时,泡沫混凝土填筑厚度应根据沉降计算确定。

5.4.13　桥台台后采用泡沫混凝土填筑时,可不设置桥台锥坡,填筑物与桥台台背间应设置缓冲层,缓冲层材料可采用20~30mm厚的聚苯乙烯板。

5.4.14　泡沫混凝土顶面设置防撞护栏时,防撞护栏应作专项设计,构造要求另见5.5.9条。

5.4.15 在深厚软土地区，泡沫混凝土路堤宜结合路堤填筑高度情况与沉降分析，可选用直接填筑施工或二次开挖施工，以减少路堤工后沉降。

5.4.16 泡沫混凝土路堤面板宜采用结构安全、可靠、耐久性好，符合经济、美观、环保、节能等产业要求的结构体系。

5.4.17 在深厚软土区域，路堤采用直立面板时，应在面板基础下方考虑复合地基或桩基础处理措施。

5.4.18 为减轻路面上方动荷载影响，方便路面结构层施工，同时提高泡沫混凝土防裂功能，泡沫混凝土上方可设置一层厚度15cm的C15混凝土顶层。

5.5 辅助工程设计

5.5.1 泡沫混凝土底层设计要结合路堤工程地形地貌、水文环境，并满足路堤排水系统和盲沟等设置需要，底层下方宜设置厚度不小于30cm的级配砂砾或碎石垫层，以满足基底防排水之需要，同时可兼做调平层。

5.5.2 泡沫混凝土底层设计构造宜满足以下要求：

(1)填筑体底部应设置一层钢丝网补强，钢丝网宜放置在自底部上方50～100cm范围之内。

(2)对于半填半挖高路堤，为提高泡沫混凝土填筑体抗滑移和抗倾覆安全度，应适当加大底层宽度，宽度要求≥4m。对于填高大于8m的高路堤，底层应适当加强刚度，可增设一层标号不低于C15素混凝土板，板厚不小于30cm，并可在板上设置一定数量的抗滑移锚钉，以提高泡沫混凝土填筑体的整体抗滑移能力。

5.5.3 泡沫混凝土顶层设计构造宜满足以下要求：

(1)填筑体顶层应设置一层钢丝网补强，钢丝网宜水平放置在自顶部下方50～100cm范围之内。

(2)顶层设计宜满足路面纵坡与横坡设置要求，并确保路面结构层设计所需的厚度。为满足路床顶纵横向坡率设置要求，泡沫混凝土顶层宜按坡率设计采用台阶式过渡，同时台阶宽度不宜小于1m。

(3)泡沫混凝土顶层可采用15cm厚的C15混凝土找平，以便于满足路床顶纵横向坡率设置要求，同时满足施工底基层所需的顶层强度的要求，或与路面底基层一并实施。

(4)路堤路侧需设置护栏时,顶层宜在护栏基础底座下方增设 1 ~2 道钢丝网。

5.5.4 泡沫混凝土填筑体顶部、底部及其他特殊部位补强钢丝网设置应符合下列规定:

(1)钢丝网宜为铁丝或钢丝焊接而成,钢丝网规格宜为 ϕ3.2 ~ ϕ6.0mm@ 50mm × 50mm,网孔规格为四边形,孔径不宜大于 50mm,钢丝网搭接时,相邻两块钢丝网间的重叠宽度不宜小于 20cm,并采用镀锌钢丝连接。

(2)填筑体底面和顶面 100cm 范围设置两层或以上钢丝网时,每层钢丝网间距不大于 50cm。

(3)填筑体填筑高度超过 6m 时,应每隔 3 ~5m 水平铺置一层或两层钢丝网。若铺设两层钢丝网,则每层钢丝网间距不大于 100cm。

(4)钢丝网保护层厚度宜大于 30cm。

5.5.5 泡沫混凝土路堤面板由挡板、挡板基础、拉筋等组成,设置应符合下列规定:

(1)挡板及其构造材料的选择应满足耐久性、安全性和美观性等要求。

(2)挡板宜采用混凝土类挡板、装饰类砌块、轻质砖、空心砖等。

(3)有景观要求路段,宜采用装饰类砌块或对挡板表面进行特殊设计。

(4)单块挡板尺寸以方便预制及砌筑为原则,并满足经济性、美观性要求。

(5)挡板基础混凝土强度等级应不低于 C15;断面尺寸以满足挡板对承载力要求为原则。

(6)挡板基础沿纵向每隔 5 ~15m 设缝,设缝位置应与泡沫混凝土填筑体沉降缝对应。

(7)挡板宜采用拉筋固定,拉筋与挡板之间宜采用配套的扣子锁定。

(8)挡板砌筑砂浆的强度等级应不低于 M7.5,并可结合稳定需要适当设置内倾坡率,增强挡板抗倾覆能力。

(9)面板的稳定性应考虑泡沫混凝土硬化前的侧压力,计算时需考虑单层填筑厚度所产生的侧压力。

5.5.6 挡板采用混凝土预制时,挡板设计应符合下列规定:

(1)混凝土集料粒径应不大于 10mm,强度等级应不低于 C25。

(2)钢丝网材质宜为钢丝焊接而成,参数要求详见 5.5.4 节。

(3)挡板拉扣应采用 HPB235 钢筋,直径不宜小于 6.0mm。

5.5.7 防排水工程包括路面地表排水、路面结构层排水、坡面水、地下水、新旧路面结合部下渗水等的防排水设施。防排水设计应符合下列规定:

(1)路面地表排水、路面结构层排水应符合路基路面相关规范要求。

(2)坡面水、地下水、新旧路面结合部下渗水宜采用渗水盲沟、有孔排水管、透水软管或滤水层等措施排泄。

(3)填筑体内部防水,可在顶面铺设防渗土工膜、防水板等措施。

(4)为排除地下渗水,宜在填筑体与地基之间设置碎石垫层或碎石盲沟。

5.5.8 陡坡路堤抗滑设计或锚固件结构设计宜按《公路路基设计规范》(JTG D30—2004)及永久锚固工程相关设计规范执行,并满足稳定性之安全要求。抗滑设计应符合下列规定:

(1)抗滑锚固件应进行稳定验算,并在这之后采用钢筋混凝土预制桩、镀锌钢管或镀锌粗钢筋。

(2)抗滑锚固件长度不宜小于1.5~2.0m,垂直打入深度宜不小于1m,具体长度宜根据地质条件,并结合计算分析确定。

(3)根据开挖面坡度,应对既有坡面或陡坡体地面设置台阶,台阶宽度不宜小于2m。

(4)抗滑锚固件必须做好防锈、防腐处理。

5.5.9 泡沫混凝土顶面设置防撞护栏时,防撞护栏应做专项设计,并符合下列规定:

(1)泡沫混凝土不宜与防撞护栏进行刚性连接,宜在防撞护栏底部设置钢筋混凝土底座。

(2)防撞护栏底座宜采用C25钢筋混凝土,并按5~10m间距设置沉降缝,设置位置应与泡沫混凝土的沉降缝位置对应一致。

(3)防撞护栏底座的断面尺寸设计应考虑安全性、经济性。

5.5.10 填筑体与桥台台背间宜设置缓冲层,缓冲层材料可采用20~30mm厚的聚苯乙烯板。

5.6 施工

5.6.1 施工准备

(1)施工前,应做好施工期临时排水总体规划和施工,临时排水设施应与永久性排水设施综合考虑,并与工程影响范围内的自然排水系统相衔接。

(2)泡沫混凝土基底为原状土的,应清除浇筑区基底杂物,按照《公路路基施工技术规范》(JTG F10—2006)的要求进行场地清理、整平压实;在已填筑路堤上填筑,应满足相应路堤划分区压实度要求。

(3)根据设计要求,进行测量放样,确定边线及基底高程。

(4)在浇筑泡沫混凝土之前,应做好基底防排水工作,坑槽开挖好后应在最低处开挖宽度不超过1m的泄水口,防止坑槽内积水。

5.6.2 泡沫混凝土施工

(1)结合设备生产能力、工期等要求对设计的浇筑体进行浇筑区和浇筑层的划分,为浇筑施工做好相关准备,单个浇筑区内浇筑层的施工时间宜控制在水泥浆初凝时间内。

(2)浇筑区之间采用竹胶板等材料隔断,作为浇筑泡沫混凝土的模板,应满足下列要求:

①模板及其支撑应具备足够的强度、刚度和稳定性,能承受施工过程中产生的泡沫混凝土固化前的侧压力,确保拆模后侧壁竖直、平齐。

②模板的板面应平整,接缝处应严密且不漏浆。

③模板作为沉降变形缝时,应满足设计要求。

(3)泡沫混凝土浇筑开始时,若基底干燥,应洒适量水润湿,切忌洒水过多造成积水。

(4)夏季施工应避免在中午高温时段施工。

(5)采用直立挡墙为外立面施工时,必须满足泡沫混凝土辅助工程施工相关要求,采用土石方填筑为外立面,土石方填筑压实度必须满足路基施工规范要求或设计要求。

5.6.3 辅助工程施工

(1)挡板预制应符合下列要求:

①挡板预制宜采用专用钢模板,以确保足够的强度和刚度。

②混凝土集料粒径和强度等级应按设计要求执行。

③浇筑混凝土前,宜先准备好钢模板,并定位好挡板拉扣。

④浇筑完混凝土后,应对拉扣位置进行测量,并对挡板表面进行光面处理。

⑤预制挡板安装图示详见图5-8、图5-9。

图5-8 预制安装挡板细部图

图5-9 预制安装挡板外立面图

(2)挡板施工应符合下列要求:

①挡板基础采用水泥混凝土现浇,其强度等级应满足设计要求。

②清扫挡板基础顶面,标出挡板外缘线并进行水平测量,曲线部分应加密控制点。

③砌筑砂浆强度等级应满足设计要求,砌缝宜采用勾缝,缝宽不应超过1cm。

④挡板材料应根据设计要求提前制备。

⑤挡板按随浇随砌原则砌筑,每次砌筑高度应大于泡沫混凝土单层构筑厚度。

⑥挡板搬运和砌筑时,应轻拿轻放,避免挡板损坏和拉扣变形。

⑦挡板水平及倾斜误差应逐层调整,曲线部位应注意砌筑平顺。

⑧为改善挡板外观形象,外侧挡板可采用设置图案或嵌挤鹅卵石等措施。

(3)钢筋网铺设。

①焊接连接,网片纵向搭接长度 20cm,横向搭接长度 20cm。

②在变形缝位置,钢筋网应断开铺设。

(4)防排水工程。

①路面地表排水、路面结构层排水,根据专项设计执行。

②各类渗沟均应设置排水层、反滤层和封闭层。

③石料应洁净、坚硬、不易风化,砂宜采用中砂,含泥量应小于 2%,不得采用粉砂、细砂。

④渗水材料的顶面(指封闭层以下)不得低于原地下水位,当用于排除层间水时,渗沟底部应埋置于最下面的不透水层。

⑤渗沟纵坡不宜小于 1%,出水口底面高程应高出渗沟外最高水位 200mm。

(5)泡沫混凝土顶面防撞护栏根据设计要求及《公路桥涵施工技术规范》(JTG/T F50—2011)相关规定执行。

(6)伸缩缝与沉降缝内两侧壁应竖直、平齐、无搭叠,缝中防水材料应按设计要求施工。

6 路堤拓宽工程

6.1 一般规定

6.1.1 软土地基路堤拓宽路段，为确保新老路堤沉降变形协调，软土地基路堤宜结合复合地基或桩基础进行联合处理；当施工条件受限时，应采用泡沫混凝土填筑，以减少新老路堤不均匀沉降引起的各种病害，降低政策处理难度，减小工期和节约用地，并减少地基处理费用。

6.1.2 软土地基路堤拓宽时，路堤边坡宜采用直立式防护，而且宜采用可绿化的支护结构或生态面板，以符合安全、环保、生态、经济的产业要求。

6.1.3 泡沫混凝土用于山区公路拓宽时，仅限于地形复杂且征地受限的路段，同时要求与其他技术方案进行技术经济综合比选。

6.2 设计计算

6.2.1 拓宽路堤设计计算时，应根据路堤开挖与填筑步骤，确定荷载组合效应，需验算施工环节的结构稳定与安全。

6.2.2 泡沫混凝土应用于路堤拓宽时，除在填筑物进行内部稳定性、抗倾覆、抗滑移验算之外，还应对泡沫混凝土路堤的外部稳定性安全系数和地基承载力进行验算，见图6-1。

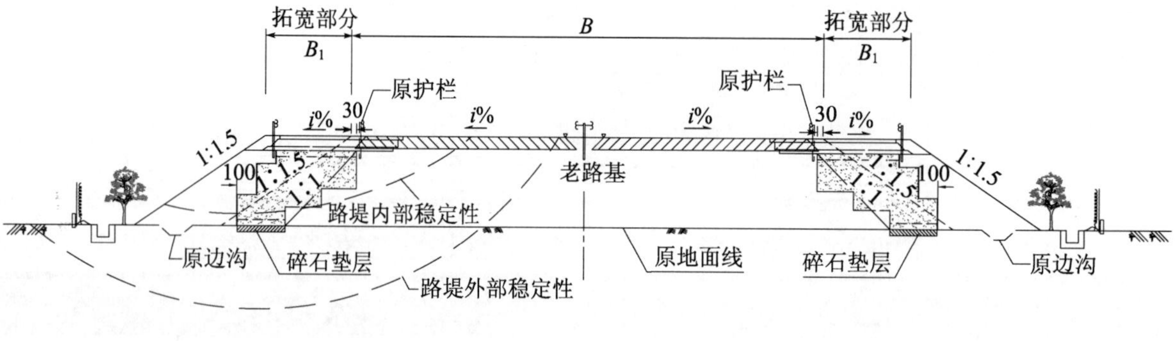

图6-1 路堤稳定性验算要求(尺寸单位:cm)

6.2.3　泡沫混凝土用于软土地基路堤拓宽填筑时,需结合沉降验算,确定是否可取消相应地基处理工程量,以节约工程投资。

6.3　性能要求

泡沫混凝土作为填料时,宜采用干密度为 300 ~ 600kg/m^3 且单轴饱和抗压强度为 0.4 ~ 0.8MPa 的泡沫混凝土进行填筑。

6.4　构造设计

6.4.1　泡沫混凝土应用于路堤拓宽时(图 6-2),新老路堤衔接处应采用台阶式开挖,开挖坡率不宜陡于 1:1,台阶宽度不宜小于 1m,且平台坡率适当内倾,坡度 2% ~ 4% 为宜。

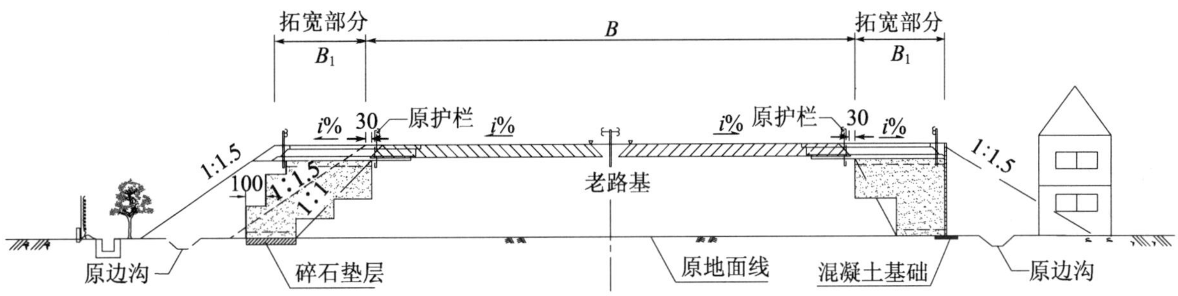

图 6-2　泡沫混凝土应用于路堤拓宽横断面形式(尺寸单位:cm)

6.4.2　高路堤拓宽时(图 6-3),宜采用挡墙或直立式护坡,以节约用地,减少拆迁。

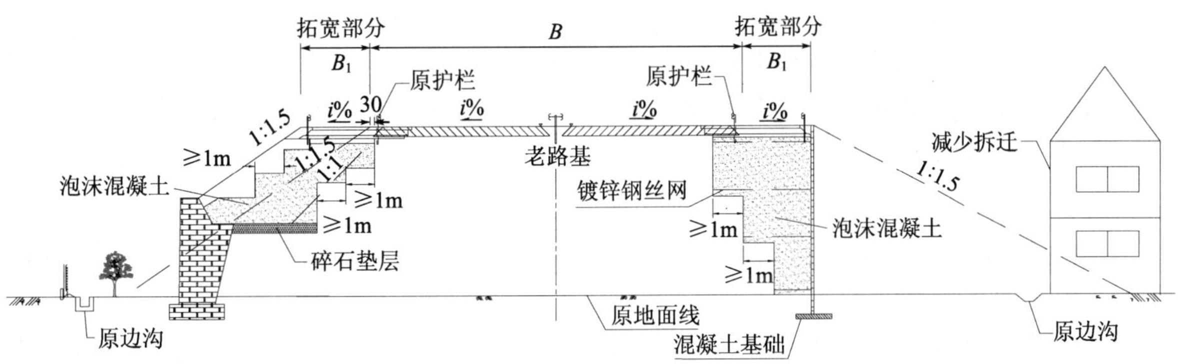

图 6-3　泡沫混凝土应用于高路堤拓宽横断面形式

6.4.3　陡坡高路堤拓宽时(图 6-4),为提高泡沫混凝土填筑体抗滑移和抗倾覆安全度,应适当加大底层台阶宽度且不小于 4m,具体宽度可结合填筑物抗滑移验算确定。填高大于 10m 的高路堤,底层可适当加强刚度,增设一层标号不低于 C15 的素混凝土板,板厚不小于30cm,并可在板上设置一定数量的抗滑移锚钉,以提高泡沫混凝土填筑物的整体抗滑移能力。

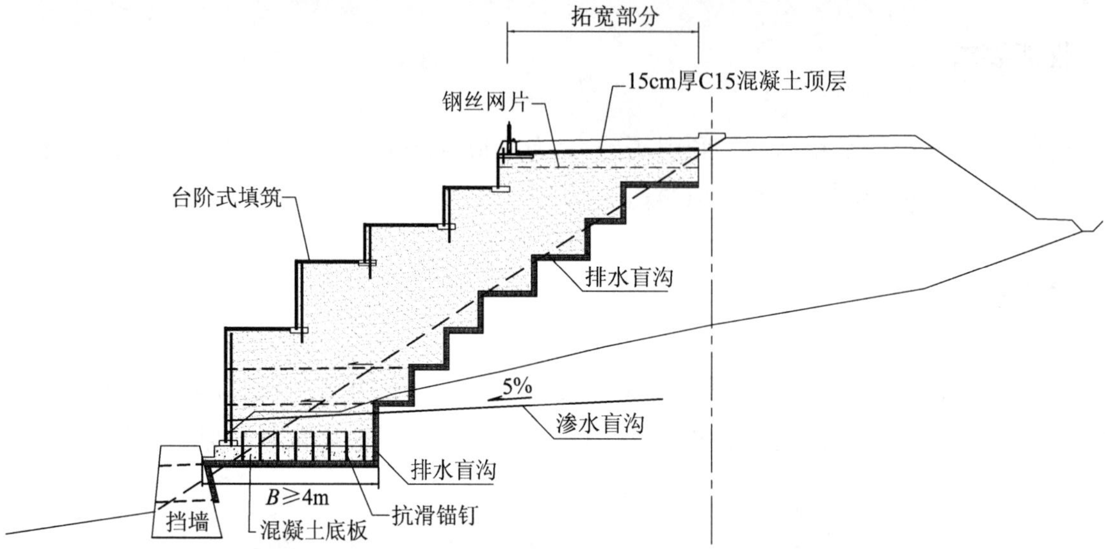

图6-4　泡沫混凝土应用于陡坡高路堤拓宽横断面形式

6.4.4　软土地基路堤拓宽时,泡沫混凝土底层宜设置厚度≥50cm的砂砾或碎石垫层,并宜在过渡区域设置一层或两层土工格栅,以减轻地基不均匀沉降的影响。

6.4.5　拓宽路堤的辅助工程设计详见5.5节。

6.5　施工

6.5.1　施工准备

(1)根据现场实际情况,做好交通流组织措施,并上报有关部门审核批复。

(2)路基施工前,应了解施工范围内地下埋设的各种管线、电缆、光缆等情况并与相关部门联系,制定合理的安全保护措施。施工中如发现有危险品及其他可疑物品时,即停止施工,报请有关部门处理。

(3)施工现场应设置醒目的安全、警示标志和安全防护设施。

(4)应按设计拆除老路路缘石、旧路肩、边坡防护、边沟及原有构造物的翼墙或护墙等。

(5)施工前应截断流向拓宽作业区的水源,开挖临时排水沟,保证施工期间排水通畅。

(6)老路堤与泡沫混凝土交界的坡面,清理厚度不宜小于0.3m,然后从老路堤坡脚向上按设计要求挖设台阶。土体台阶上必须密实,无松散物。纵向填挖结合段,应合理设置台阶。

(7)泡沫混凝土施工前,应认真处理横向、纵向、原地面等结合界面,确保路基的整体性。土体台阶上必须密实,无松散物。

(8)有地下水或地面水汇流的路段,应采用合理措施导排水流。

(9)原则上,一次开挖长度不宜超过200m,并可及时利用泡沫混凝土进行坡面初步防护,防止雨水冲刷坡面而引起塌方危险。

6.5.2 泡沫混凝土施工

(1)老路堤开挖后,应及早进行泡沫混凝土施工,以免开挖后老路路堤发生坍塌。

(2)泡沫混凝土填筑应采用分层分块方式,不宜在道路横向方向进行分块填筑。

(3)在施工过程中,泵送管路应远离老路堤铺设,并安排专人进行巡视,以免泵管爆裂对过往行人车辆造成伤害。

6.5.3 其他施工要求同5.6.3条辅助工程施工。

7 地质灾害与工程病害处治工程

7.1 一般规定

7.1.1 山区公路勘察设计应查明滑坡、崩塌、岩溶、采空区等不良地质对路基稳定性的影响。在上述不良地质区域,泡沫混凝土用于填筑之前,应进行场地稳定评价与地质灾害诱发条件分析,评估工程区域地质灾害的范围、规模、诱发条件和概率。

7.1.2 泡沫混凝土填筑实施前,要充分考虑场地排水系统设计方案,宜做好场地的泄洪排水设计,以避免水患诱发路堤各种工程地质灾害。

7.1.3 对于高陡挡墙墙背填筑、滑坡卸载与减载、路堤滑移治理、边坡塌方治理工程等,泡沫混凝土治理方案宜与其他方案进行技术经济综合比选。

7.1.4 泡沫混凝土用于地质灾害治理时,应做好施工过程和工后的变形监测,设计应提出施工期和运营期的监测方案,宜适时动态优化设计。

7.1.5 采用导管注浆工艺填筑泡沫混凝土时,宜采用低压注浆,注浆压力不宜大于0.1MPa。

7.2 滑坡

7.2.1 泡沫混凝土用于滑坡路段时(图7-1),一般限于滑坡的主动推力区段。滑坡治理前,要充分研究滑坡的范围、规模,根据计算分析,合理划分滑坡主动推力区和被动抗滑区,通过卸载、置换,减轻滑坡剩余推力。

7.2.2 泡沫混凝土在滑坡体上方填筑时,应根据稳定验算结果,做好滑坡体下方的固脚或反压支护。

7.2.3 泡沫混凝土用于滑坡路段时,应与排水工程、抗滑桩、坡脚反压工程等其他滑坡治理方案共同实施,以实现综合治理的工程效应(图7-1)。

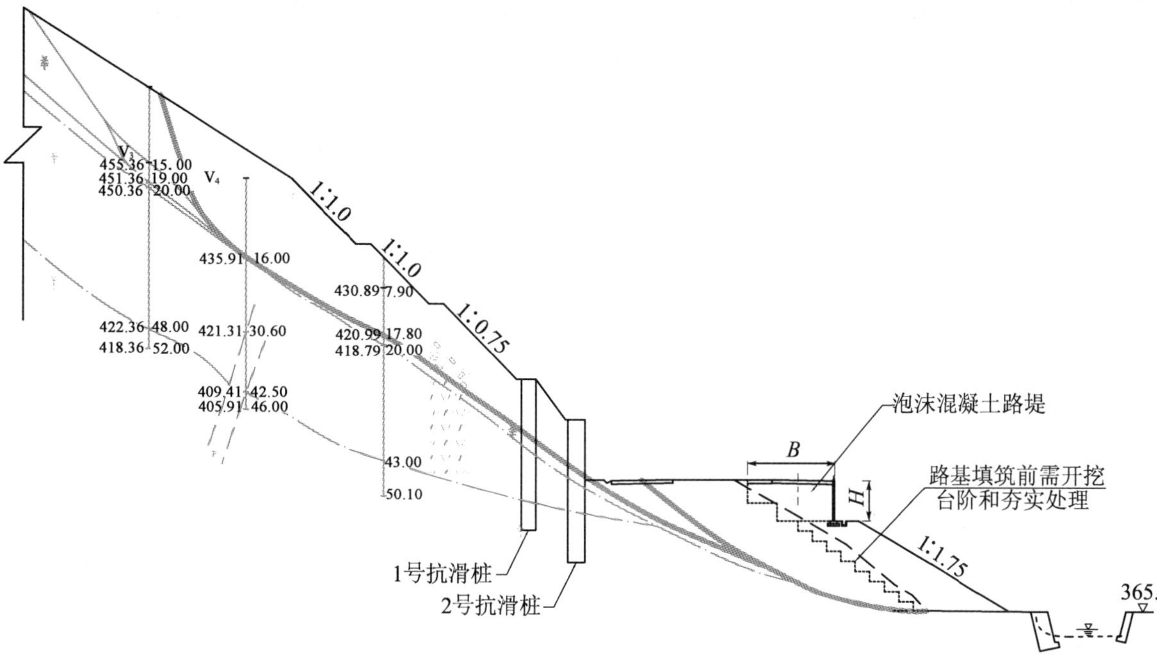

图 7-1　老滑坡体上部卸载反压坡脚 + 泡沫混凝土路堤形式

7.2.4　泡沫混凝土用于斜坡上的傍山路堤填筑时，应验算路堤荷载对场地稳定性影响。泡沫混凝土傍山路堤边坡宜采用直立式，以减少工程量，节约用地。

7.2.5　泡沫混凝土用于滑坡路段时，底层下方宜埋置渗水盲沟或支撑渗沟等排水体系，以改善泡沫混凝土路堤下方滑坡体的排水条件，增强路堤安全与稳定性。

7.2.6　滑坡区泡沫混凝土路堤面板宜采用变形协调性较好的结构形式，以提高泡沫混凝土路堤对地基变形适应性。

7.2.7　滑坡体上方填筑泡沫混凝土路堤时，底层宜适当增加钢丝网的层数，相邻每层钢丝网的间距宜小于 1m。

7.2.8　泡沫混凝土路堤相关辅助工程设计要求详见 5.5 节。

7.3　崩塌

7.3.1　崩塌路段路基设计，应调查该地段的地形、地貌、地质、水文、气象等资料，查明已发生的崩塌类型、范围、成因及对公路的危害程度。泡沫混凝土用于崩塌区域回填之前，应验算场地稳定性以及回填体的抗滑移、抗倾覆稳定性。

7.3.2　泡沫混凝土用于崩塌回填时，应做好防排水设计，边坡坡面应预留泄水孔。

7.3.3 边坡崩塌区采用泡沫混凝土回填时(图 7-2),宜分台阶填筑,台阶宜设置 2% ~ 3% 内倾横坡,台阶宽度不宜小于 1m,底部台阶宽度宜大于 2m。

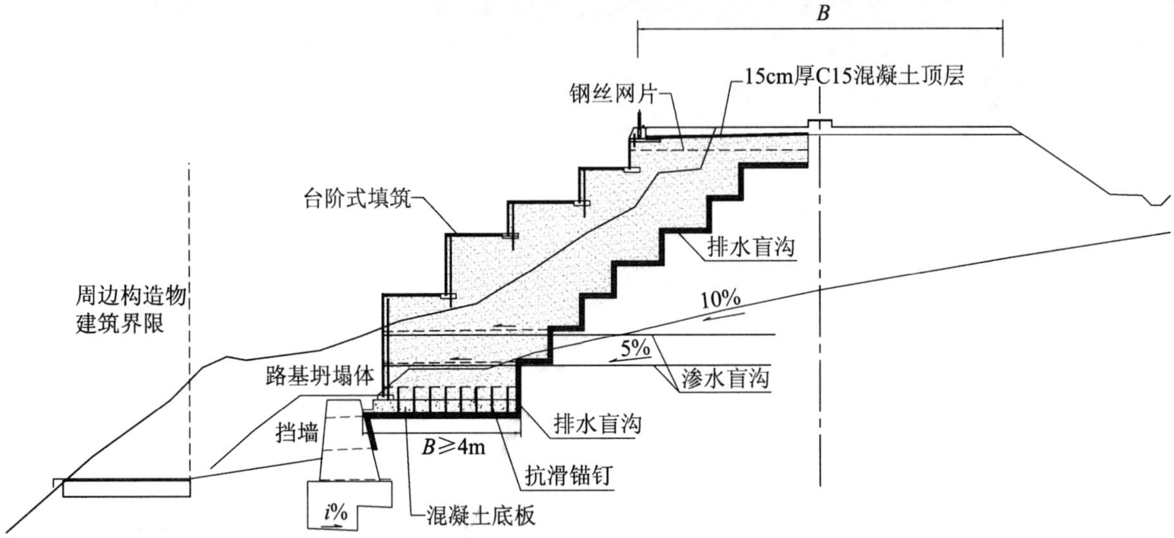

图 7-2 路基大型崩塌体清理 + 泡沫混凝土回填路堤形式

7.3.4 泡沫混凝土用于坡面局部塌方或超挖回填时,宜适当采取植筋或锚固措施,并要求验算回填体稳定性;泡沫混凝土回填前,原坡面宜适当凿毛,条件具备时需增设台阶。

7.3.5 泡沫混凝土用于隧道洞顶塌方、塌腔、冒顶填充时,其饱和抗压强度指标可适当降低至 0.3MPa,以减轻洞顶荷载影响。

7.4 溶洞、采空区

7.4.1 公路采空区应根据采空区的形成时间、埋深、采空厚度、采矿方法、顶板岩性及其力学性质、水文地质、工程地质条件等选择治理方案。治理方案主要有开挖回填、充填、注浆、板跨、减轻堆载等措施。

7.4.2 岩溶路段,应结合工程条件分析判别岩溶对路基工程的危害程度,选择合适的治理方法。岩溶区域地表水宜采用渗沟、排水沟将水截留至路基外。路堤下方发育干溶洞,且体积不大,埋深较浅时,宜采用泡沫混凝土充填密实。当洞体庞大或深度较深时,宜在稳定评价基础上,采用钢筋混凝土板块跨越,同时上部宜采用泡沫混凝土填筑;对于有顶板但顶板强度不足的干溶洞,可适当加固顶板,提高强度后,上部采用轻质泡沫混凝土路堤。

7.4.3 泡沫混凝土用于溶洞、采空区处理前,要评估岩溶地貌或采空区的发育特征,分析泡沫混凝土回填的可行性,并要求对泡沫混凝土回填的地基进行承载力测试,以确保设计路堤的稳定性与使用安全。

7.4.4　对于路基范围之内的溶洞，还需进一步判明溶洞的发育阶段。对于已停止发育的溶洞，可采用充填处理，对于发育过程中的溶洞，宜采用构筑物跨越。

7.4.5　当溶洞、采空区位于路基两侧时，应通过判定岩溶、采空区对路基的影响，评价其影响范围，溶洞、空洞坍塌扩散的影响范围之内的路堤填筑宜采用泡沫混凝土填筑。

7.4.6　泡沫混凝土用于溶洞、采空区时，应进行承载力验算。

7.4.7　泡沫混凝土用于采空区、溶洞等填筑时，宜确保充填密实，不宜裸露。

7.4.8　对大型的地面坑陷、隧道围岩大型的塌陷或坑陷填充，应验算地基承载力或隧道二衬结构的承载力。

7.4.9　泡沫混凝土用于不规则空洞填筑时，泡沫混凝土宜自孔洞底部向上浇筑，并填充密实。

7.4.10　泡沫混凝土填充时应考虑机械输送能力，施工时合理布置泵送距离。

7.5　挡墙变形

7.5.1　当路堤(肩)挡墙出现结构性裂缝、倾覆变形或侧移时，应根据墙背土压力验算，分析挡墙发生变形的原因，土压力承载不足时，宜采用泡沫混凝土换填等措施(图7-3)。

7.5.2　挡墙病害严重且自身稳定性具有安全隐患时，应在适当拆除至安全高度后，再进行墙背泡沫混凝土换填(图7-4)。

7.5.3　泡沫混凝土置换的体积宜根据挡墙地基承载力、土压力、抗倾覆安全系数、抗滑移安全系数以及地基工后沉降特点进行确定。

7.5.4　高挡墙出现安全隐患时，宜进行卸载方案的稳定分析，合理确定卸载范围和步骤，并在确保地基稳固的基础上，分台阶填筑泡沫混凝土，台阶宽度不宜小于1m，且台阶外侧坡面应设置面板保护层，避免泡沫混凝土直接外露。

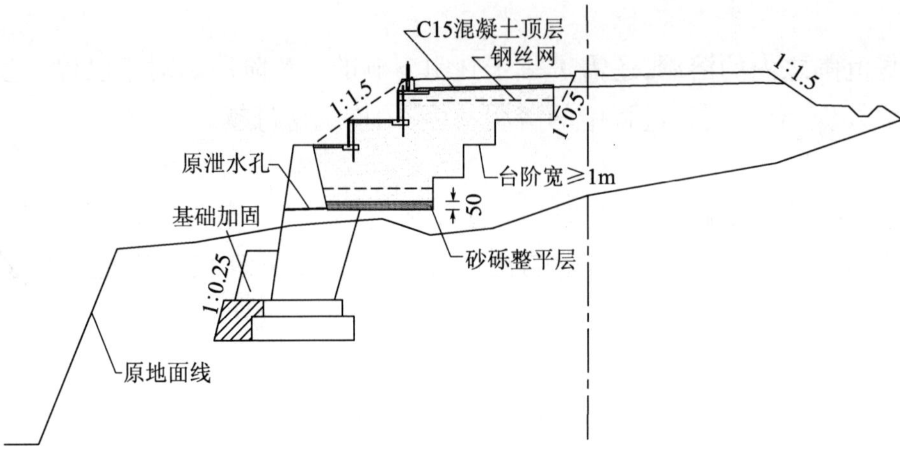

图7-3 挡墙病害修复泡沫混凝土置换方案

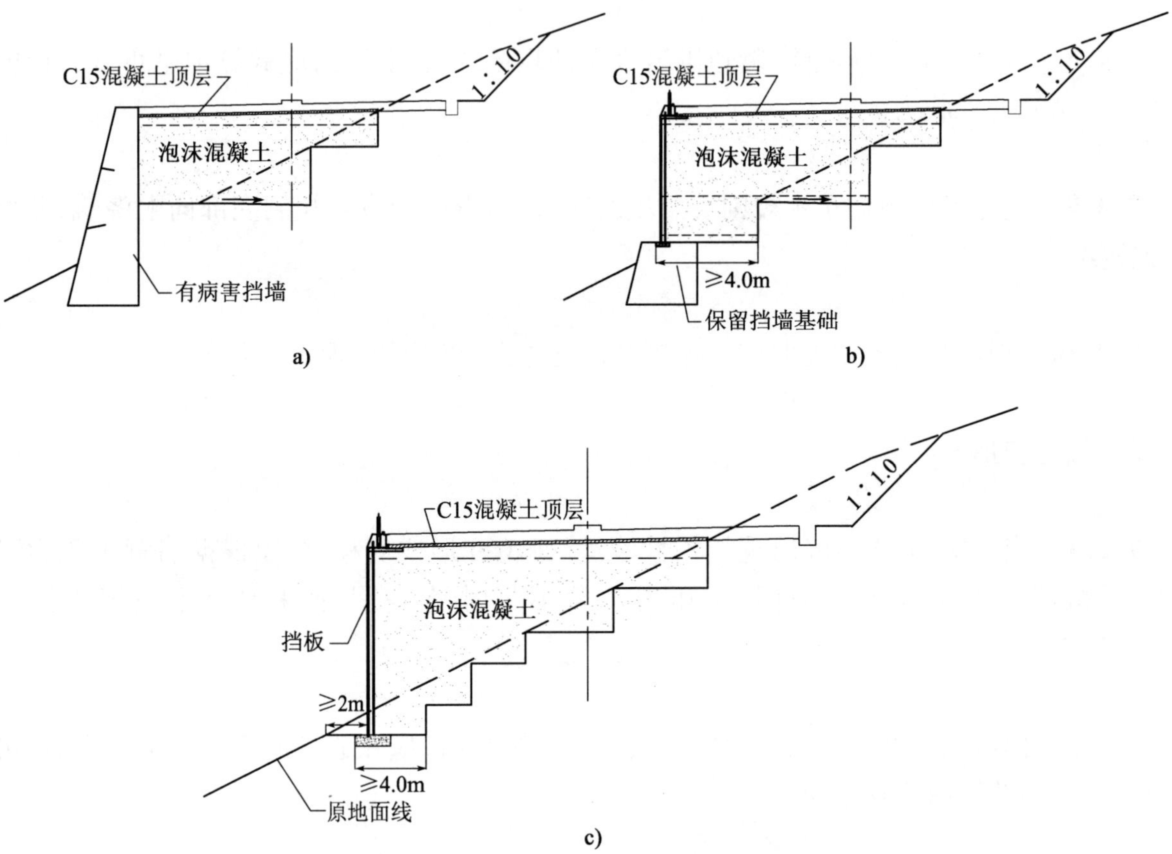

图7-4 挡墙病害修复泡沫混凝土处治形式

a)墙背置换泡沫混凝土;b)保留基础,部分重建;c)拆除重建

7.6 桥头跳车

7.6.1 桥头跳车多发生在软土地基路堤的桥头路段,桥头跳车病害出现时,宜结合既有地基处理方案和填筑高度,分析跳车病害的诱发原因。

7.6.2　若桥头跳车路段工后沉降比较大、病害严重、路面加铺后跳车病害屡治屡现时，宜采用泡沫混凝土进行路堤分幅换填。

7.6.3　若路堤填筑比较高，工后沉降大，宜适当卸载台后填土，同时换填泡沫混凝土处理。泡沫混凝土置换体积宜按照路堤沉降计算分析予以确定。

7.6.4　桥头搭板脱空时，可采用泡沫混凝土进行灌注脱空区域。

7.6.5　桥头路堤沉降不均匀等病害发生时，泡沫混凝土也可作为注浆体使用，通过低压注浆，可充分充填路基空洞区域，以缓解不均匀沉降病害。

7.7　涵顶上方减载

深厚软土地区道路纵坡加高时，涵洞范围不应采用宕渣填筑，宜采用泡沫混凝土进行置换减载处理，以减少涵洞区域的工后不均匀沉降，同时，减缓涵洞结构物工后沉降影响。

7.8　隧道洞顶脱空与洞口偏压加固

7.8.1　隧道围岩爆破开挖不良时，超挖区域可采用泡沫混凝土进行填补处理。

7.8.2　边坡喷射混凝土防护区域，若局部超挖严重时，可采用泡沫混凝土进行填补处理。

7.8.3　当洞口存在严重偏压时，可采用泡沫混凝土填筑洞口偏压区域，以利于隧道衬砌平衡受力，同时提高洞口开挖防护安全性。

8 质量检查与验收

8.1 一般规定

8.1.1 质量检查与验收内容包括施工前检验、施工过程质量检验、硬化后质量检验和交工质量评定与验收。

8.1.2 泡沫混凝土作为独立分项工程进行质量检查与验收,分部工程的划分按《公路工程泡沫混凝土质量检验评定标准》(试行)和《公路工程质量检验评定标准》(JTG F80/1—2004)的相关规定执行。

8.2 施工前检验

8.2.1 施工前检验内容包括设备检验、原材料检验及辅助工程检验等。

8.2.2 项目开工前,应对施工设备的计量装置进行标定,其报检材料计量精度应符合表3-2中的规定。

8.2.3 胶凝材料进场时,应对其品种、级别、袋装或散装仓号、出厂日期等进行检查,并应对其强度及其他必要的性能指标进行复验,其质量必须符合现行国家标准的规定。水泥等胶凝材料的进场检验、检验批次、检验方法及质量要求,应按现行国家标准的规定执行。

8.2.4 施工过程中,应对发泡剂、水泥质量和气泡与水泥基浆料的适应性进行检验,并应满足下列要求:

(1)发泡剂检验频率为1次/3000L,少于3000L时,按每项目1次。

(2)水泥检验频率袋装为1次/200t,散装为1次/500t。

(3)检验方法发泡剂按附录A.1、A.2,水泥按国家标准的规定执行,适应性按附录A.3的规定执行。

(4)检验结果应符合第3.1.1条及表3-1的规定。

8.2.5 钢丝网、土工布等辅助工程材料检验按相关规范执行。

8.2.6 面板预制质量检验按表8-1的规定执行。

面板预制质量实测项目 表8-1

项次	检 验 项 目	规定值或允许偏差	检验方法和频率
1	混凝土强度(MPa)	不小于设计值	按《混凝土强度检验评定标准》(GB/T 50107—2010)的规定,每250块取1组试件,每项目至少1块
2	边长(mm)	0.5%边长	尺量:长宽各量1次,每200块抽查1块,每项目至少5块
3	厚度(mm)	+5,-3	尺量:检查2处,每50块抽查1块,每项目至少5块
4	表面平整度(mm)	0.3%边长	直尺:长、宽各测1次,每50块抽查1块,每项目至少5块
5	预埋件位置(mm)	10	尺量:检查每块,每50块抽查1块,每项目至少5块

8.2.7 面板安装质量检验按表8-2的规定执行。

面板安装质量实测项目 表8-2

项 次	检 验 项 目	规定值或允许偏差	检验方法和频率
1	每层挡板顶高程(mm)	±10	3m直尺:每20m抽查3组板
2	轴线偏位(mm)	10	挂线、尺量:每20m量3处
3	挡板垂直度或坡度	0,-0.5%	挂垂线:每20m检查3处
4	相邻挡板错台(mm)	5	尺量:每20m检查挡板交界处3处

8.3 施工中质量检验

8.3.1 施工中质量检验项目包括气泡密度、湿重度、流动度、气泡率、抗压强度和吸水率。

8.3.2 质量要求、检验方法和频率按表8-3中的规定执行。

填筑质量实测项目 表8-3

项 次	检 验 项 目	规定值/允许偏差	检验方法和频率
1	气泡密度(kg/m^3)	标准值±2	附录A.2开工前自检1次
2	湿重度(kN/m^3)	≤标准值	附录B.1填筑每$100m^3$自检1次
3	流动度(mm)	配合比±20	附录B.2填筑每$100m^3$自检1次
4	吸水率(%)	标准值±5%	附录B.3填筑每$100m^3$自检1次
5	气泡率(%)	配合比±3%	附录B.4填筑每$100m^3$自检1次
6	单轴饱和抗压强度(MPa)	≥标准值	附录B.6每$100m^3$自检1次

8.4 硬化后质量检验

8.4.1 除设计另有规定外,硬化后质量检验内容包括表干重度、28d 抗压强度。

8.4.2 试样在构筑管管口制取,制取时测定并记录试样的湿重度。试件脱模后,放入密封塑料袋中室内保湿养护。

8.4.3 试件制备应符合下列要求:

(1)抗压强度的试件尺寸为 100mm×100mm×100mm 的立方体,一组 3 块。

(2)劈裂抗拉强度的试件尺寸为 100mm×100mm×100mm 的立方体,一组 3 块。

(3)抗折强度的试件尺寸为 100mm×100mm×400mm 的立方体,一组 3 块。

(4)静力受压弹性模量的试件尺寸为 100mm×100mm×300mm 的棱柱体,两组 6 块。

8.4.4 抗压强度等性能试验方法应按《蒸压加气混凝土性能试验方法》(GB/T 11969—2008)的规定执行,试件制取及养护应满足:

(1)应在出料口取样制作试件。

(2)每 3 块为 1 组,每 400m^3 制取 1 组;当不够 400m^3 时,按 400m^3 考虑。

(3)试件脱膜后,应置于密封塑料袋中进行养护。

(4)单组饱和抗压强度检验合格标准应满足式(8-1)。

$$q_{un} \geqslant q_c \tag{8-1}$$

式中:q_{un}——单组试件 3 个试块饱和抗压强度平均值或代表值,MPa;

q_c——饱和抗压强度设计值,MPa。

8.4.5 泡沫混凝土工程完工后,应按交通运输部《公路工程竣工(交工)验收办法》的有关规定提交全部交工文件,进行交工验收,按表 8-4 中的规定执行。

泡沫混凝土工程实测项目 表 8-4

项 次	检 查 项 目	规定值或允许偏差	检验方法和频率
1△	抗压强度(MPa)	在合格标准内	按附录 B.6 检查
2△	表干重度(kN/m^3)	在合格标准内	按附录 B.5 检查
3	顶面高程(mm)	+10,−15	水准仪:每个构造单元测 4 点或每 200m 测 4 点
4	中线偏位(mm)	50	经纬仪:每个构造单元测 4 点或每 200m 测 4 点,弯道加测 *HY*、*YH* 两点
5	宽度(mm)	符合设计要求	米尺:每个构造单元测 4 点或每 200m 测 4 点

续上表

项 次	检 查 项 目	规定值或允许偏差	检验方法和频率
6	基底高程(mm)	±50	水准仪:每个构造单元测4点或每200m测4点
7	平整度(mm)	15	3m直尺:每个构造单元测3处或每200m测2处(每处10尺)
8	边坡	符合设计要求	尺量:每个构造单元测4处或每200m测4处

注:△表示关键项目,为涉及结构安全和使用功能的重要实测项目。

8.4.6 在地下水位以下构筑时,应在每个构造单元底层取一组试件,并按要求检测饱水吸水条件下的饱和重度和饱和抗压强度。饱和重度的试验方法按附录B.5的规定执行,饱和抗压强度试验方法应按《蒸压加气混凝土性能试验方法》(GB/T 11969—2008)的规定执行。

8.5 质量评定与验收

质量评定与验收要求详见第一部分 《公路工程泡沫混凝土质量检验评定标准》(试行)。

附录 A　原材料试验

A.1　泡沫沉降距和泌水量试验

A.1.1　适用范围

适用于发泡剂性能检测,测定单位体积气泡 1h 沉降距和泌水量。

A.1.2　仪器、设备

(1)泡沫试验仪 1 台(图 A-1),该仪器由带刻度的玻璃容器、玻璃管和浮标组成。玻璃容器高度 200mm,内径 200mm,底部有孔。玻璃管与容器的孔相连接,玻璃管的直径为 14mm,长度为 700mm,底部有小龙头。浮标是一块直径为 190mm 和重 25g 的圆形铝板。

(2)不锈钢量杯 1 个,容积 5L。

(3)平口刀 1 把,刀长大于 200mm。

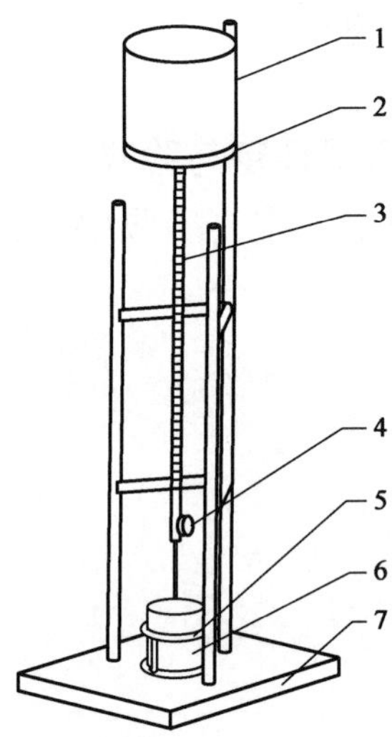

图 A-1　沉降距和泌水量试验

1-玻璃容器;2-玻璃容器托环;3-玻璃计量管;4-小阀门;5-支架;6-容量筒;7-不锈钢架

A.1.3　取样方法

在发泡机的泡沫泵送管出口处取样。

A.1.4　试验步骤

(1)将试验仪的玻璃容器、玻璃管洗净晾干,试验仪玻璃管上的小阀门关闭。

(2)量杯、平口刀清洗干净,晾干。

(3)用量杯取泡沫样,并将试样装满玻璃容器。

(4)用平口刀慢慢地沿量杯上端口平面刮平试样,盖上铝制浮标。

(5)经 1h 后,读取玻璃容器上的沉降数值(mm),除以体积 5L,即为沉降距。

(6)打开试验仪玻璃管上的小阀门,将液体放入量杯中,读取液体体积(cm^3),除以体积 5L,即为泌水量。

A.2　泡沫气泡密度和发泡倍数试验

A.2.1　适用范围

适用于发泡剂性能检测，测定泡沫的气泡密度和发泡倍数。

A.2.2　仪器、设备

(1)电子秤 1 台，最大量程 500g，精度为 0.1g。

(2)不锈钢量杯 1 个，容积 1L。

(3)平口刀 1 把，刀长大于 200mm。

A.2.3　取样方法

在发泡机的泡沫泵送管出口处取样。

A.2.4　试验步骤

(1)不锈钢量杯、平口刀清洗干净，晾干。

(2)准备好电子秤，将其水平放置并调零。

(3)将不锈钢量杯放置在电子秤上，称质量为 m_1(g)。

(4)用量杯取泡沫样。

(5)用平口刀将不锈钢量杯两端试样刮平，称质量为 m_2(g)。

(6)进行三次平行试验，取其平均值。

A.2.5　数据处理

用式(A-1)求出发泡密度 ρ，用式(A-2)求出发泡倍数 M。

$$\rho = \frac{(m_2 - m_1)}{V} \tag{A-1}$$

$$M = \frac{V \times r}{(m_2 - m_1)} \tag{A-2}$$

式中：V——玻璃桶容积，cm^3；

r——泡沫剂水溶液密度，g/cm^3；

m_1——玻璃桶质量，g；

m_2——玻璃桶和泡沫质量，g。

A.3　消泡试验

A.3.1　适用范围

适用于泡沫与水泥基浆的适应性检测，测定其拌和料经消泡后的气泡率的减少量。

A.3.2　仪器、设备

(1)带刻度的玻璃量筒 2 个，容积 500mL。

(2)不锈钢量杯 1 个，容积 1L。

(3)塑料桶1个,15L;搅拌桨1个。

(4)无水酒精500mL。

A.3.3 取样方法

(1)现场取样:在泵送管出口处取样。

(2)室内取样:在搅拌好的拌和料中取样。

A.3.4 试验步骤

(1)将量杯、玻璃量筒、塑料桶清净,晾干。

(2)用塑料桶取10L试样。

(3)用量杯从塑料桶中取样,并将试样慢慢地装入其中一个玻璃量筒至300mL。

(4)用另一个玻璃量筒,量取无水酒精200mL,倒入前一个玻璃量筒中。

(5)静置5min后,读取前一个玻璃量筒中试样的体积V_1(mL),求出气泡率G_0(%)。

(6)用搅拌桨按60r/min的速率搅拌塑料桶中的试样,持续2min。

(7)重复(1)~(6)步骤三次,测得气泡率G_1(%)、G_2(%)、G_3(%)。

A.3.5 数据处理

(1)用式(A-3)算出每次搅拌后的消泡率δ_i(%)。

$$\delta_i = \frac{G_i - G_{i+1}}{G_i} \times 100 \tag{A-3}$$

(2)用式(A-4)算出平均消泡率δ(%)。

$$\delta = \frac{\delta_1 + \delta_{2_1} + \delta_3}{3} \tag{A-4}$$

附录 B　混合料试验

B.1　湿重度试验

B.1.1　适用范围

适用于泡沫混凝土构筑工程，测定泡沫与水泥基浆拌和料的单位体积质量。

B.1.2　仪器、设备

(1)盘秤或电子秤 1 台，最大量程 2000g，精度为 5g。

(2)带刻度的不锈钢量杯 2 个，容积 1L。

(3)平口刀 1 把，刀长大于 200mm。

B.1.3　取样方法

(1)现场取样：在泵送管出口处取样。

(2)室内取样：在搅拌好的拌和料中取样。

B.1.4　试验步骤(图 B-1)

图 B-1　湿重度、流动度测定示意图

(1)准备好盘秤或电子秤，将其水平放置并调零。

(2)将量杯、平口刀清洗干净，然后用干净抹布将其抹干。

(3)测得量杯的体积 V(cm^3)和质量 m_1(g)。

(4)用其中一个量杯取样，并将试样慢慢地装满另一个量杯中。

(5)用平口刀轻敲装满试样的量杯外壁，使试样充满整个量杯。

(6)用平口刀慢慢地沿量杯上端口平面刮平试样。

(7)将装满试样的量杯轻轻地平放在盘秤或电子秤上,测得其质量为 m_2(g)。

B.1.5 数据处理

用式(B-1)求出湿重度(kN/m^3)。

$$\gamma = \frac{10 \times (m_2 - m_1)}{V} \tag{B-1}$$

B.2 流动度试验

B.2.1 适用范围

适用于泡沫混凝土构筑工程,测定其流动性能。

B.2.2 仪器、设备

(1)黄铜或硬质材料空心圆筒1个,内径80mm、高80mm。

(2)不锈钢板、玻璃板或光滑硬质塑料板1块,尺寸400mm×400mm。

(3)带刻度的不锈钢量杯1个,容积1L。

(4)平口刀1把,刀长大于200mm。

(5)游标卡尺1支,量程在250mm以上,最小刻度0.02mm。

B.2.3 取样方法

(1)现场取样:在泵送管出口处取样。

(2)室内取样:在搅拌好的拌和料中取样。

B.2.4 试验步骤

(1)清洗并抹干空心圆筒、不锈钢板、玻璃板或光滑硬质塑料板、量杯和平口刀。

(2)将空心圆筒水平放置于不锈钢板、玻璃板或光滑硬质塑料板上。

(3)用其中一个量杯取样,并将其试样慢慢地装入空心圆筒中,但不能溢出。

(4)用手指轻敲空心圆筒外侧,使试样充满整个空心圆筒。

(5)用平口刀慢慢地沿空心圆筒的上端口平面刮平试样。

(6)用双手慢慢地将空心圆筒垂直提升,并使试样静置1min。

(7)用游标卡尺测出试样铺展最大水平直径,即为实测流动度。

B.3 吸水率试验

B.3.1 适用范围

适用于泡沫混凝土构筑工程,测定泡沫与水泥基浆拌和料的吸水率。

B.3.2 仪器、设备

(1)电子秤 1 台,最大量程 2000g,精度为 1g。

(2)电热鼓风干燥器 1 台,最高温度为 200℃,精度为 1℃。

(3)恒温水槽,50L,控制水温(20 ±5)℃。

B.3.3　取样方法

取在标准环境中封闭养生 28d 后的预制泡沫混凝土试块:100mm ×100mm ×100mm 立方体试件,一组 3 块。

B.3.4　试验步骤

(1)准备好电子秤,将其水平放置并调零。

(2)试件分 3 块为一组,逐块量测长、宽、高三个方向的轴线尺寸,精确至 1mm;计算出试件平均体积 $V(cm^3)$。

(3)将试块放入电热鼓风干燥箱内,在(60 ±5)℃下保温 24h,然后在(80 ±5)℃下保温 24h,再在(105 ±5)℃下烘至恒重,称重得平均恒重质量为 m_0(g)。

(4)将恒重后的试件放入水温为(20 ±5)℃的恒温水槽内,然后加水至试件高度的 1/3,保持 24h;加水至试件高度的 2/3,保持 24h;再加水高出试件 30mm 以上,保持 24h。

(5)将试件从水中取出,抹去表面水分,立即称取试块质量,一组 3 块平均质量 m(g),精确至 1g。

B.3.5　数据处理

(1)用式(B-2)求出干密度(g/cm^3)。

$$\gamma_0 = \frac{m_0}{V} \tag{B-2}$$

式中:γ_0——干密度,g/cm^3;

m_0——试件恒重质量,g;

V——试件平均体积,cm^3。

(2)用式(B-3)求出质量吸水率(%)。

$$w_M = \frac{m - m_0}{m_0} \times 100\% \tag{B-3}$$

式中:w_M——质量吸水率,%;

m_0——试件恒重质量,g;

m——试件吸水后质量,g。

(3)用式(B-4)求出体积吸水率(%)。

$$w_V = \frac{m - m_0}{V} \times 100\% \tag{B-4}$$

式中:w_V——体积吸水率,%;

m_0——试件恒重质量,g;

m——试件吸水后质量,g;

V——试件平均体积,cm^3。

B.4 气泡率试验

B.4.1 适用范围

适用于泡沫混凝土构筑工程,测定泡沫与水泥基浆拌和料中气泡的体积率。

B.4.2 仪器、设备

(1)带刻度的玻璃量筒2个,容积500mL。

(2)不锈钢量杯1个,容积1L。

(3)无水酒精500mL。

B.4.3 取样方法

(1)现场取样:在泵送管出口处取样。

(2)室内取样:在搅拌好的拌和料中取样。

B.4.4 试验步骤

(1)将量杯、玻璃量筒清净,晾干。

(2)用量杯取样,并将试样慢慢地装入其中一个玻璃量筒至300mL。

(3)用另一个玻璃量筒,量取无水酒精200mL,倒入前一个玻璃量筒中。

(4)静置5min后,读取前一个玻璃量筒中试样的体积V(mL)。

(5)平行测定三次。

B.4.5 数据处理

用式(B-5)求出气泡率G(%)。

$$G = \frac{500 - V}{300} \times 100\% \tag{B-5}$$

B.5 表干重度、饱和重度试验

B.5.1 适用范围

适用于泡沫混凝土构筑工程,测定其表干重度和饱和重度。

B.5.2 仪器、设备

(1)钢模或塑模:规格100mm×100mm×100mm。

(2)电子秤:最大量程2000g,精度为1g。

(3)钢尺:尺长200mm,分度值为0.5mm。

(4)恒温水槽:控制水温(20±5)℃。

(5)电热鼓风干燥箱:最高温度200℃。

B.5.3　试件制作

(1)试件制备:在泵送管出口处取样,浇筑成型。

(2)规格数量:100mm×100mm×100mm立方体试件,两组6块。

(3)试件养护:试件由钢模中拆出后,3块为一组放入塑料袋内密封自然养护,保持室内养生温度(20±2)℃,湿度95%,养生龄期为28d。

B.5.4　试验步骤

(1)表干重度试验步骤

①试件分3块为一组,逐块量测长、宽、高三个方向的轴线尺寸,精确至1mm。

②计算出试件体积 $V(cm^3)$。

③称量每块试件质量 $m_a(g)$。

(2)饱和重度试验步骤

①试件分3块为一组放入电热鼓风干燥箱内,在(50±5)℃下保温24h,然后在(70±5)℃下保温24h烘至恒重。

②试件冷却至室温后,放入水温为(20±5)℃的恒温水槽中,然后加水至高出试件高度的1/3,经24h,加水至高出试件高度的2/3,经24h后,再加水至高出试件300mm以上,保持24h。

③将试件从水中取出,擦去表面水分,立即称取每块试件质量 $m_s(g)$。

B.5.5　数据处理

(1)用式(B-6)计算出表干重度 $\gamma_a(kN/m^3)$。

$$\gamma_a = \frac{10 \times m_a}{V} \tag{B-6}$$

(2)用式(B-7)计算出饱和重度 $\gamma_s(kN/m^3)$。

$$\gamma_s = \frac{10 \times m_s}{V} \tag{B-7}$$

B.6　抗压强度试验方法

B.6.1　目的和适用范围

本试验规定了测定泡沫混凝土极限抗压强度的方法,以确定泡沫混凝土的强度等级,作为评定泡沫混凝土品质的主要指标,本试验适用于各类泡沫混凝土的立方体试件。

B.6.2 试件制备

(1)泡沫混凝土抗压强度试件以边长100mm的立方体为标准试件。

(2)泡沫混凝土抗压强度试件应同龄期者为一组,每组为3个同条件件制作和养护的混凝土试块。

B.6.3 试验结果计算

试验结果计算见式(B-8)。

$$R = P/A \tag{B-8}$$

式中:R——泡沫混凝土抗压强度,MPa;

P——极限荷载,N;

A——受压面积,mm^2。

(1)以3个试件测值的平均值为测定值。如任意一个测值与中值的差值超过中值的15%时,则取中值为测定值;如有两个测值与中值的差值均超过上述规定时,则该组试验结果无效。

(2)非标准试件的抗压强度应乘以尺寸换算系数,见表B-1。

换算系数 表B-1

试件尺寸(mm^3)	尺寸换算系数
100×100×100	0.95
150×150×150	1.00
200×200×200	1.05

注:结果计算精确至0.1MPa。